中国古建筑之美

帝王陵寝建筑

地下宫殿

◎ 本社 编

中国建筑工业出版社

中国古建筑之美

·帝王陵寝建筑·

地下宫殿

编委会

凡例

一、全书共分十册，收录中国传统建筑中宫殿建筑、帝王陵寝建筑、皇家苑囿建筑、文人园林建筑、民间住宅建筑、佛教建筑、道教建筑、伊斯兰教建筑、礼制建筑、城池防御建筑等类别。

二、各册内容大致分四大部分：论文、彩色图版、建筑词汇、年表。

三、论文内容阐述各类建筑之产生背景、发展沿革、建筑特色，附有图片辅助说明。

四、彩色图版大体按建筑分布区域或建成年代为序进行编排。全书收录精美彩色图片（包括论文插图）约一千七百幅。全部图片均有图版说明，概要说明该建筑所在地点、建筑年代及艺术技术特色。

五、论文部分收有建筑结构图、平面图、复原图、沿革图、建筑类型比较图表等。另外还附有建筑分布图及导览地图，标注著名建筑分布地点及周边之名胜古迹。

六、词汇部分按笔画编列与本类建筑有关之建筑词汇，供非专业读者参阅。

七、每册均列有中国建筑大事年表，并以颜色标示各册所属之大事纪要。全书纪年采用中国古代传统纪年法，并附有公元纪年以供对照。

序一

《中国古建筑大系》重印序

中国的古代建筑源远流长，从余姚的河姆渡遗址到西安的半坡村遗址，可以考证的实物已可上溯至7000年前。当然，战国以前，建筑经历了从简单到复杂的漫长岁月，秦汉以降，随着生产的发展，国家的统一，经济实力的提升，建筑的技术和规模与时俱进，建筑艺术水平也显著提高。及至盛唐、明清的千余年间，建筑发展高峰迭起，建筑类型异彩纷呈，从规划设计到施工制作，从构造做法到用料色调，都达到了登峰造极的地步。中国建筑在世界建筑之林，独放异彩，独树一帜。

建筑是凝固的历史。在中华文明的长河中，除了文字典籍和出土文物，最能震撼民族心灵的是建筑。今天的炎黄子孙伫立景山之巅，眺望金光灿烂雄伟壮丽的紫禁城，谁不产生民族自豪之情！晚霞初起，凝视护城河边的故宫角楼，谁不感叹先人的巧夺天工。

珍爱建筑就是珍爱历史，珍爱文化。中国建筑工业出版社从成立之日起，即把整理出版中国传统建筑、弘扬中华文明作为自己重要的职责之一。20世纪50、60年代出版了梁思成、刘敦桢、童寯、刘致平等先生的众多专著。改革开放之初，本着抢救古代建筑的初衷，在杨俊社长主持下，制订了中国古建筑学术专著的出版规划。虽然财力有限，仍拨专款20万元，组织建筑院校师生实地测绘，邀请专家撰文，从而陆续推出或编就了《中国古建筑》、《承德古建筑》、《中国园林艺术》、《曲阜孔庙建筑》、《普陀山古建筑》以及《颐和园》等大型学术画册和5卷本的《中国古代建筑史》。前三部著作1984年首先在香港推出，引起轰动；《中国园林艺术》还出版了英、法、德文版，其中单是德文版一次印刷即达40000册，影响之大，可以想见。这些著作既有专文论述，又配有大量测绘线图和彩色图片，对于弘扬、保存和维护国之瑰宝具有极为重要的学术价值和实际应用价值。诚然，这些图书学术性较强，主要为专业人士所用。

1989年3月，在深圳举行的第一届对外合作出版洽谈会上，我看到台湾翻译出版的一套《世界建筑全集》。洋洋10卷主要介绍西方古代建筑。作为世界文明古国的中国却只有万里长城、北京故宫等三五幅图片，是中国没有融入世界，还是作者不了解中国？作为炎黄子孙，别是一番滋味涌上心头。此时此刻，我不由得萌生了出版一套中国古代建筑全集的设想。但如此巨大的工程，必有充足财力支撑，并须保证相当的发行数量方可降低投资风险。既是合作出版洽谈会，何不找台湾同业携手完成呢？这一创意立即得到《世界建筑全集》中文版的出版者——台湾光复书局的响应。几经商榷，合作方案敲定：我方组织专家编撰、摄影，台方提供10万美元和照相设备，1992年推出台湾版。1989年11月合作出版的签约典礼在北京举行。为了在保证质量的同时，按期完成任务，我们决定以本社作者为主完成本书。一是便于指挥调度，二是锻炼队伍，三能留住知识产权。因此将社内建筑、园林、历史方面的专家和专职摄影人员组成专题组，由分管建筑专业的王伯扬副总编辑具体主持。社外专家各有本职工作，难免进度不一，因此只邀请了孙大章、邱玉兰、茹竞华三位研究员，分别承担礼制建筑、伊斯兰教建筑和北京故宫的撰稿任务。翌年初，编写工作全面展开，作者们夜以继日，全力以赴；摄影人员跋山涉水，跑遍全国，大江南北，长城内外，都留下了他们的足迹和汗水。为了反映建筑的恢弘气派和壮观全景，台湾友人又聘请日本摄影师携专用器材补拍部分照片补入书中。在两岸同仁的共同努力下，三年过去，10卷8开本的《中国古建筑大系》大功告成。台湾版以《中国古建筑之美》的名称于1992年按期推出，印行近20000套，一时间洛阳纸贵，全岛轰动。此书的出版对于弘扬中华民族的建筑文化，激发台湾同胞对祖国灿烂文化的自豪情感，无疑产生了深远的影响。正如光复书局林春辉董事长在台湾版序中所言："两岸执事人员真诚热情，戮力以赴的编制精神，充分展现了对我民族文化的长情大爱，此最是珍贵而足资敬佩。"

为了尽快推出大陆版，1993年我社从台方购回800套书页，加印封面，以《中国古建筑大系》名称先飨读者。终因印数太少，不多时间即销售一空。此书所以获得两岸读者赞扬和喜爱，我认为主要原因：一是书中色彩绚丽的图片将中国古代建筑的精华形象地呈现给读者，让你震撼，让你流连，让你沉思，让你获得美好的享受；二是大量的平面图、剖面图、透视图展示出中国建筑在设计、构造、制作上的精巧，让你感受到民族的智慧；三是通俗流畅的文字深入浅出地解读了中国建筑深邃的文化内涵，诠释出中国建筑从美学到科学的含蓄内蕴和哲理，让你获得知识，得到启迪。此书不仅获得两岸读者的认同，而且得到了专家学者的肯定，1995年荣获出版界的最高奖赏——国家图书奖荣誉奖。

为了满足读者的需求，中国建筑工业出版社决定重印此书，并计划推出简装本。对优秀的出版资源进行多层次、多方位的开发，使我们深厚丰富的古代建筑遗产在建设社会主义先进文化的伟大事业中发挥它应有的作用，是我们出版人的历史责任。我作为本书诞生的见证人，深感鼓舞。

诚然，本书成稿于十余年前，随着我国古建筑研究和考古发掘的不断进展，书中某些内容有可能应作新的诠释。对于本书的缺憾和不足，诚望建筑界、出版界的专家赐教指正。让我们共同努力，关注中国建筑遗产的整理和出版，使这些珍贵的华夏瑰宝在历史的长河中，像朵朵彩霞永放异彩，永放光芒。

中国出版工作者协会副主席
科技出版委员会主任委员
中国建筑工业出版社原社长
周谊

2003年4月

序二

《中国古建筑大系》初版序

人们常用奔腾不息的黄河，象征中华民族悠长深远的历史；用连绵万里的长城，喻示炎黄子孙坚忍不拔的精神。五千年的文明与文化的沉淀，孕育了我伟大民族之灵魂。除却那浩如烟海的史籍文章，更有许许多多中国人所特有的哲理风骚，深深地凝刻在砖石木瓦之中。

中国古代建筑，以其特有的丰姿于世界建筑体系中独树一帜。在这块华夏子民的土地上，散布着历史年岁留下的各种类型建筑，从城池乡镇的总体规划、建筑群组的设计布局、单栋房屋的结构形式，一直到细部处理、家具陈设，以及营造思想，无不展现深厚的民族色彩与风格。而对金碧辉煌的殿宇、幽雅宁静的园林、千姿百态的民宅和玲珑纤巧的亭榭……人们无不叹为观止。正是透过这些出自历朝历代哲匠之手的建筑物，勾画出东方人的神韵。

中国古建筑之美，美在含蓄的内蕴，美在鲜明的色彩，美在博大的气势，美在巧妙的因借，美在灵活的组合，美在予人亲切的感受。把这些美好的素质发掘出来，加以研究和阐扬，实为功在千秋的好事情。

我与中国建筑工业出版社有着多年交往，深知其在海内影响之权威。光复书局亦为台湾业绩卓著、实力雄厚的出版机构。数十年来，她们各自从不同角度为民族文化的积累，进行着不懈的努力。尤其近年，大陆和台湾都出版了不少旨在研究、介绍中国古代建筑的大型学术专著和图书，但一直未见两岸共同策划编纂的此类成套著作问世。此次中国建筑工业出版社与光复书局携手联珠，各施所长，成功地编就这样一整套豪华的图书，无论从内容，还是从形式，均可视为一件存之永久的艺术珍品。

中国的历史，像一条支流横溢的长河，又如一棵挺拔繁盛的大树，中国古代建筑就是河床、枝叶上蕴含着的累累果实与宝藏。举凡倾心于研究中国历史的人，抑或热爱中华文化的人，都可以拿它当作一把钥匙，尝试着去打开中国历史的大门。这套图书，可以成为引发这一兴趣的契机。顺着这套图书指引的线索，根其源、溯其流、张其实，相信一定会有绝好的收获。

刘致平

1992年8月1日

序三

《中国古建筑大系》英文版序

当历史的脚步行将跨入新世纪大门的时候，中国已越来越成为世人瞩目的焦点。东方文明古国，正重新放射出她历史上曾经放射过的光辉异彩。辽阔的神州大地，睿智的华夏子民，当代中国的经济腾飞，古代中国的文化珍宝，都成了世人热衷研究的课题。

在中国博大精深的古代文化宝库中，古代建筑是极具代表性的一个重要组成部分。中国古代建筑以其特有的丰姿，在世界建筑史中独树一帜，无论是严谨的城市规划和活泼的村镇聚落，以院落串联的建筑群体布局，完整规范的木构架体系，奇妙多样的色彩和单体造型，还是装饰部件与结构功能构件的高度统一，融家具、陈设、绘画、雕刻、书法诸艺于一体的建筑综合艺术，等等，无不显示出中华民族传统文化的独特风韵。透过金碧辉煌的殿宇，曲折幽静的园林，多姿多样的民居，玲珑纤细的亭榭，那尊礼崇德的儒学教化，借物寄情的时空意识，兼收并蓄的审美思维，更折射出华夏子孙的不凡品格。

中国建筑工业出版社系中国建设部直属的国家级建筑专业出版社。建社四十余年来，素以推进中国建筑技术发展，弘扬中国优秀文化传统、开展中外建筑文化交流为己任。今以其权威之影响，组织国内知名专家，不惮繁杂，潜心调研、摄影、编纂，出版了《中国古建筑大系》，为发掘和阐扬中国古建筑之精华，做了一件功在千秋的好事。

这套巨著，不但内容精当、图片精致、而且印装精美，足臻每位中国古建筑之研究者与爱好者所珍藏。本书中文版，不但博得了中国学者的赞赏，而且荣获了中国国家图书奖荣誉奖；获此殊荣的建筑图书，在中国还是第一部。现本书英文版又将在欧美等地发行，它将为各国有识之士全面认识和研究中国古建筑打开大门。我深信，无论是中国人还是西方人，都会为本书英文版的出版感到高兴。

原建设部副部长　叶如棠

1999年10月

帝王陵寝分布图

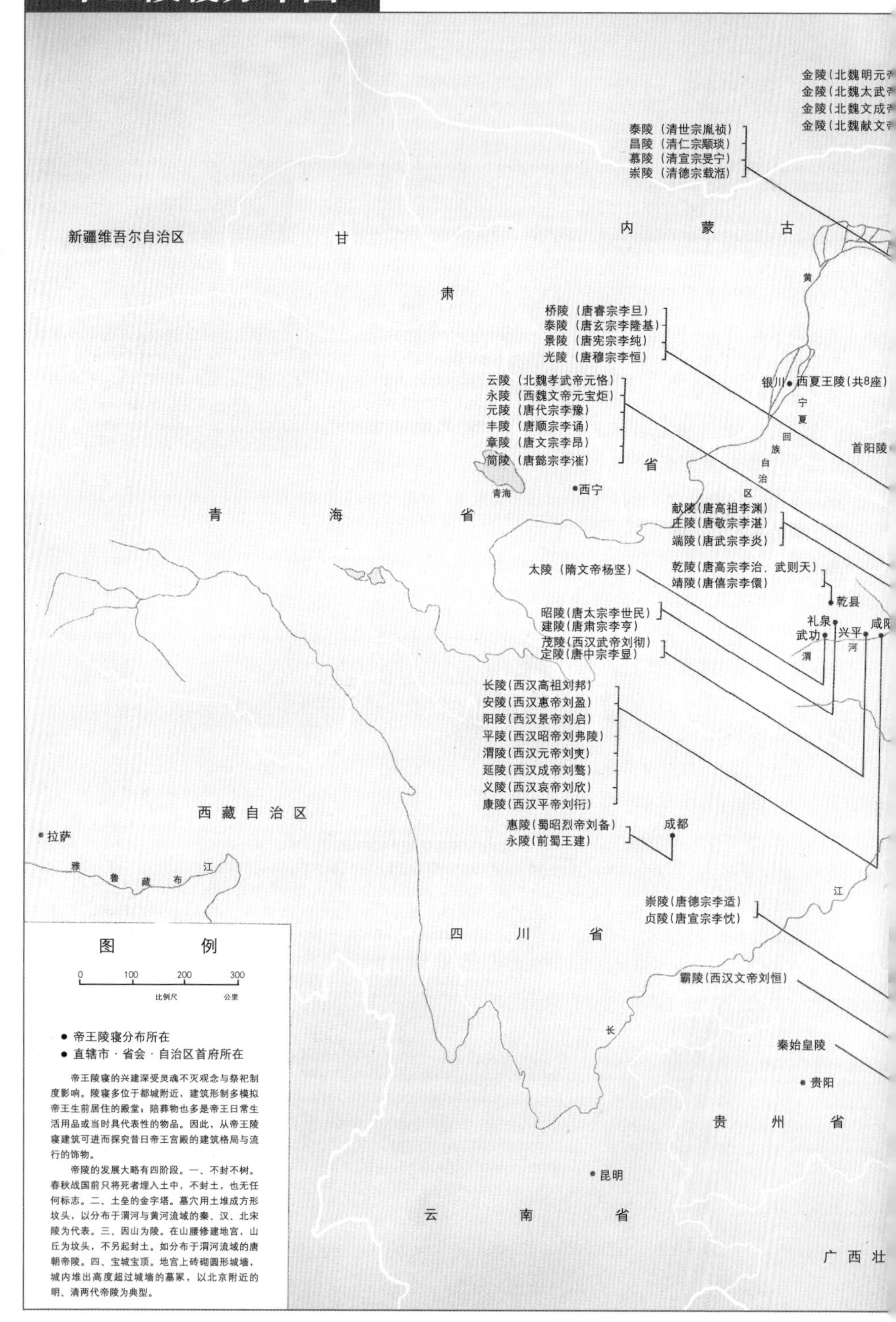

金陵（北魏明元
金陵（北魏太武
金陵（北魏文成
金陵（北魏献文
泰陵（清世宗胤祯）
昌陵（清仁宗颙琰）
慕陵（清宣宗旻宁）
崇陵（清德宗载湉）
新疆维吾尔自治区
甘
肃
内
蒙
古
黄
桥陵（唐睿宗李旦）
泰陵（唐玄宗李隆基）
景陵（唐宪宗李纯）
光陵（唐穆宗李恒）
云陵（北魏孝武帝元恪）
永陵（西魏文帝元宝炬）
元陵（唐代宗李豫）
丰陵（唐顺宗李诵）
章陵（唐文宗李昂）
简陵（唐懿宗李漼）
银川
西夏王陵（共8座）
宁
夏
回
族
自
治
区
首阳陵
省
青海
西宁
青
海
省
献陵（唐高祖李渊）
庄陵（唐敬宗李湛）
端陵（唐武宗李炎）
太陵（隋文帝杨坚）
乾陵（唐高宗李治，武则天）
靖陵（唐僖宗李儇）
乾县
昭陵（唐太宗李世民）
建陵（唐肃宗李亨）
茂陵（西汉武帝刘彻）
定陵（唐中宗李显）
礼泉
武功
兴平
渭
河
长陵（西汉高祖刘邦）
安陵（西汉惠帝刘盈）
阳陵（西汉景帝刘启）
平陵（西汉昭帝刘弗陵）
渭陵（西汉元帝刘奭）
延陵（西汉成帝刘骜）
义陵（西汉哀帝刘欣）
康陵（西汉平帝刘衎）
西藏自治区
拉萨
惠陵（蜀昭烈帝刘备）
永陵（前蜀王建）
成都
雅
鲁
藏
布
江
江
崇陵（唐德宗李适）
贞陵（唐宣宗李忱）
四
川
省
霸陵（西汉文帝刘恒）
长
秦始皇陵
贵阳
贵
州
省
昆明
云
南
省
广西壮
图　例
0　100　200　300
比例尺　公里
● 帝王陵寝分布所在
● 直辖市·省会·自治区首府所在
帝王陵寝的兴建深受灵魂不灭观念与祭祀制度影响。陵寝多位于都城附近，建筑形制多模拟帝王生前居住的殿堂，陪葬物也多是帝王日常生活用品或当时具代表性的物品。因此，从帝王陵寝建筑可进而探究昔日帝王宫殿的建筑格局与流行的饰物。
帝陵的发展大略有四阶段。一、不封不树。春秋战国前只将死者埋入土中，不封土，也无任何标志。二、土垒的金字塔。墓穴用土堆成方形坟头，以分布于渭河与黄河流域的秦、汉、北宋陵为代表。三、因山为陵。在山麓修建地宫，山丘为坟头，不另起封土。如分布于渭河流域的唐朝帝陵。四、宝城宝顶。地宫上砖砌圆形城墙，城内堆出高度超过城墙的墓冢，以北京附近的明、清两代帝陵为典型。

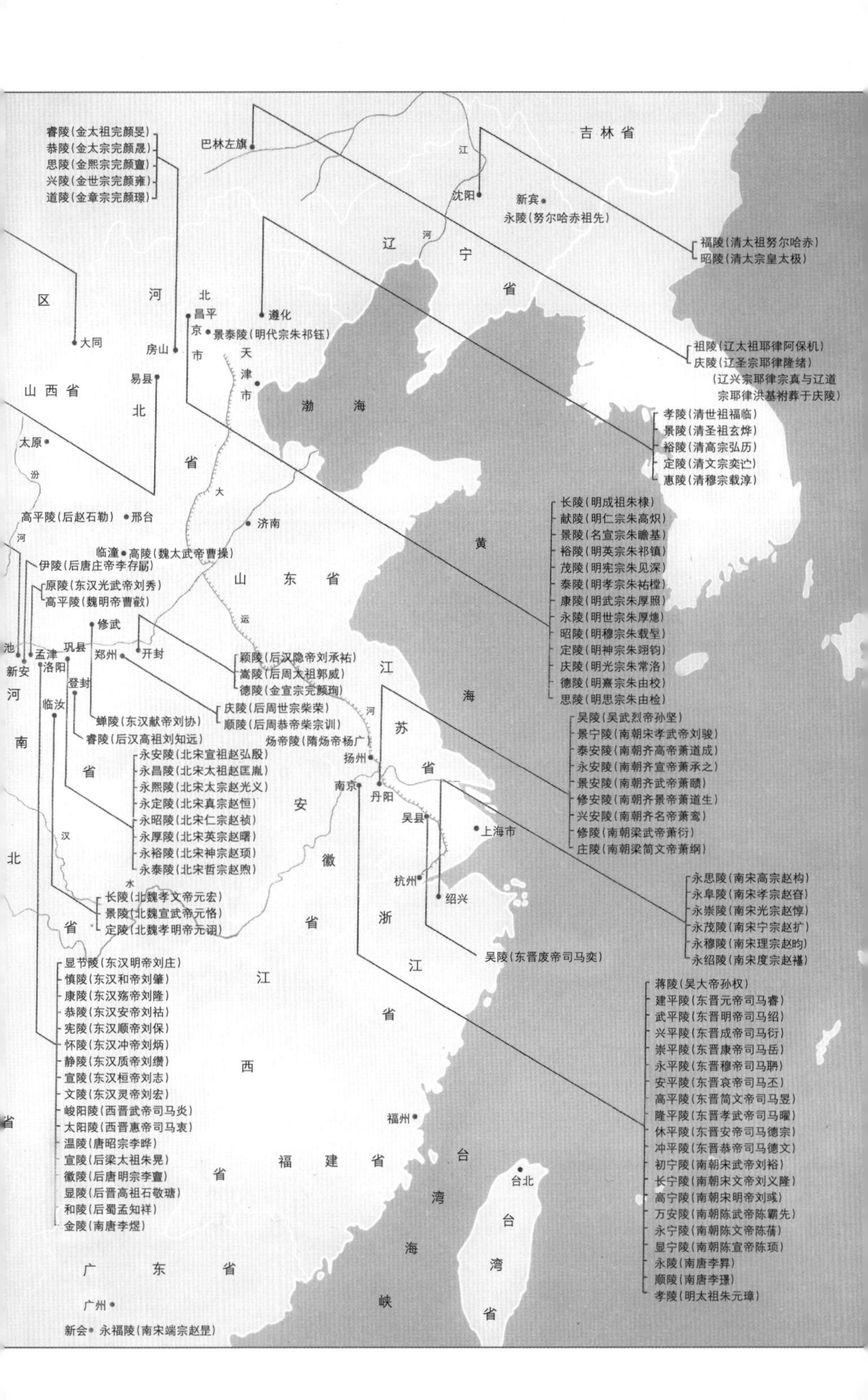

睿陵(金太祖完颜旻)
恭陵(金太宗完颜晟)
思陵(金熙宗完颜亶)
兴陵(金世宗完颜雍)
道陵(金章宗完颜璟)
巴林左旗
吉林省
江
沈阳
新宾
永陵(努尔哈赤祖先)
河
辽
宁
省
福陵(清太祖努尔哈赤)
昭陵(清太宗皇太极)
区
河
北
昌平
京
市
遵化
景泰陵(明代宗朱祁钰)
大同
房山
天
津
市
祖陵(辽太祖耶律阿保机)
庆陵(辽圣宗耶律隆绪)
(辽兴宗耶律宗真与辽道
宗耶律洪基祔葬于庆陵)
易县
山西省
北
渤
海
孝陵(清世祖福临)
景陵(清圣祖玄烨)
裕陵(清高宗弘历)
定陵(清文宗奕詝)
惠陵(清穆宗载淳)
太原
省
汾
大
长陵(明成祖朱棣)
献陵(明仁宗朱高炽)
景陵(名宣宗朱瞻基)
裕陵(明英宗朱祁镇)
茂陵(明宪宗朱见深)
泰陵(明孝宗朱祐樘)
康陵(明武宗朱厚照)
永陵(明世宗朱厚熜)
昭陵(明穆宗朱载垕)
定陵(明神宗朱翊钧)
庆陵(明光宗朱常洛)
德陵(明熹宗朱由校)
思陵(明思宗朱由检)
高平陵(后赵石勒)
邢台
济南
黄
河
临漳
高陵(魏太武帝曹操)
伊陵(后唐庄帝李存勖)
原陵(东汉光武帝刘秀)
高平陵(魏明帝曹叡)
山
东
省
运
修武
池
孟津
巩县
郑州
开封
新安
洛阳
颖陵(后汉隐帝刘承祐)
嵩陵(后周太祖郭威)
德陵(金宣宗完颜珣)
江
海
河
登封
临汝
庆陵(后周世宗柴荣)
顺陵(后周恭帝柴宗训)
河
南
蝉陵(东汉献帝刘协)
睿陵(后汉高祖刘知远)
炀帝陵(隋炀帝杨广)
苏
省
扬州
吴陵(吴武烈帝孙坚)
景宁陵(南朝宋孝武帝刘骏)
泰安陵(南朝齐高帝萧道成)
永安陵(南朝齐宣帝萧承之)
景安陵(南朝齐武帝萧赜)
修安陵(南朝齐景帝萧道生)
兴安陵(南朝齐名帝萧鸾)
修陵(南朝梁武帝萧衍)
庄陵(南朝梁简文帝萧纲)
永安陵(北宋宣祖赵弘殷)
永昌陵(北宋太祖赵匡胤)
永熙陵(北宋太宗赵光义)
永定陵(北宋真宗赵恒)
永昭陵(北宋仁宗赵祯)
永厚陵(北宋英宗赵曙)
永裕陵(北宋神宗赵顼)
永泰陵(北宋哲宗赵煦)
省
南京
丹阳
安
吴县
上海市
汉
北
水
徽
杭州
绍兴
永思陵(南宋高宗赵构)
永阜陵(南宋孝宗赵昚)
永崇陵(南宋光宗赵惇)
永茂陵(南宋宁宗赵扩)
永穆陵(南宋理宗赵昀)
永绍陵(南宋度宗赵禥)
长陵(北魏孝文帝元宏)
景陵(北魏宣武帝元恪)
定陵(北魏孝明帝元诩)
省
浙
省
吴陵(东晋废帝司马奕)
江
显节陵(东汉明帝刘庄)
慎陵(东汉和帝刘肇)
康陵(东汉殇帝刘隆)
恭陵(东汉安帝刘祜)
宪陵(东汉顺帝刘保)
怀陵(东汉冲帝刘炳)
静陵(东汉质帝刘缵)
宣陵(东汉桓帝刘志)
文陵(东汉灵帝刘宏)
峻阳陵(西晋武帝司马炎)
太阳陵(西晋惠帝司马衷)
温陵(唐昭宗李晔)
宣陵(后梁太祖朱晃)
徽陵(后唐明宗李亶)
显陵(后晋高祖石敬瑭)
和陵(后蜀孟知祥)
金陵(南唐李煜)
江
省
西
省
江
蒋陵(吴大帝孙权)
建平陵(东晋元帝司马睿)
武平陵(东晋明帝司马绍)
兴平陵(东晋成帝司马衍)
崇平陵(东晋康帝司马岳)
永平陵(东晋穆帝司马聃)
安平陵(东晋哀帝司马丕)
高平陵(东晋简文帝司马昱)
隆平陵(东晋孝武帝司马曜)
休平陵(东晋安帝司马德宗)
冲平陵(东晋恭帝司马德文)
初宁陵(南朝宋武帝刘裕)
长宁陵(南朝宋文帝刘义隆)
高宁陵(南朝宋明帝刘彧)
万安陵(南朝陈武帝陈霸先)
永宁陵(南朝陈文帝陈蒨)
显宁陵(南朝陈宣帝陈顼)
永陵(南唐李昪)
顺陵(南唐李璟)
孝陵(明太祖朱元璋)
福州
省
福
建
省
台
台北
湾
台
湾
海
广
东
省
广州
峡
省
新会
永福陵(南宋端宗赵昰)

西安市周边帝王陵寝导览图

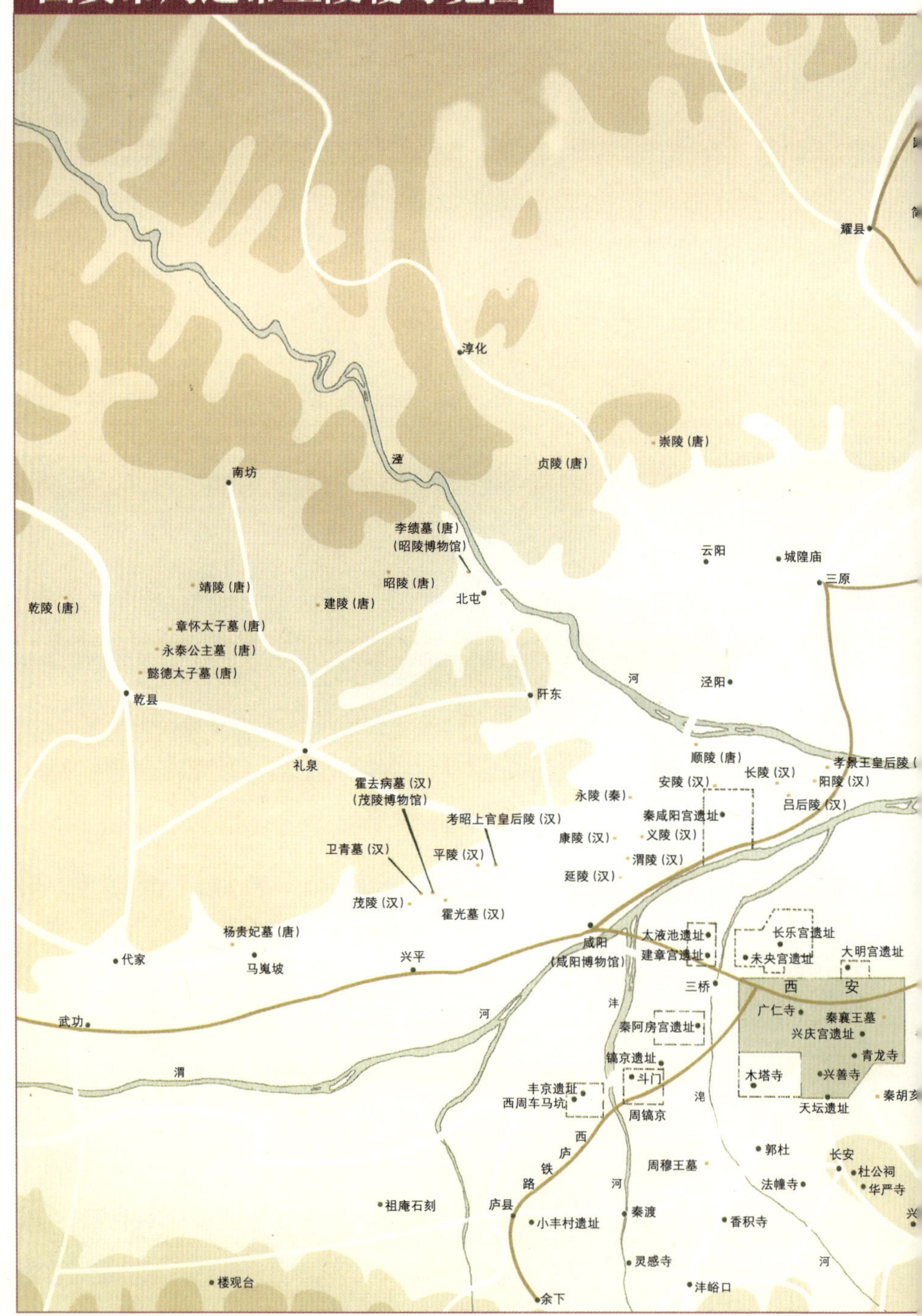

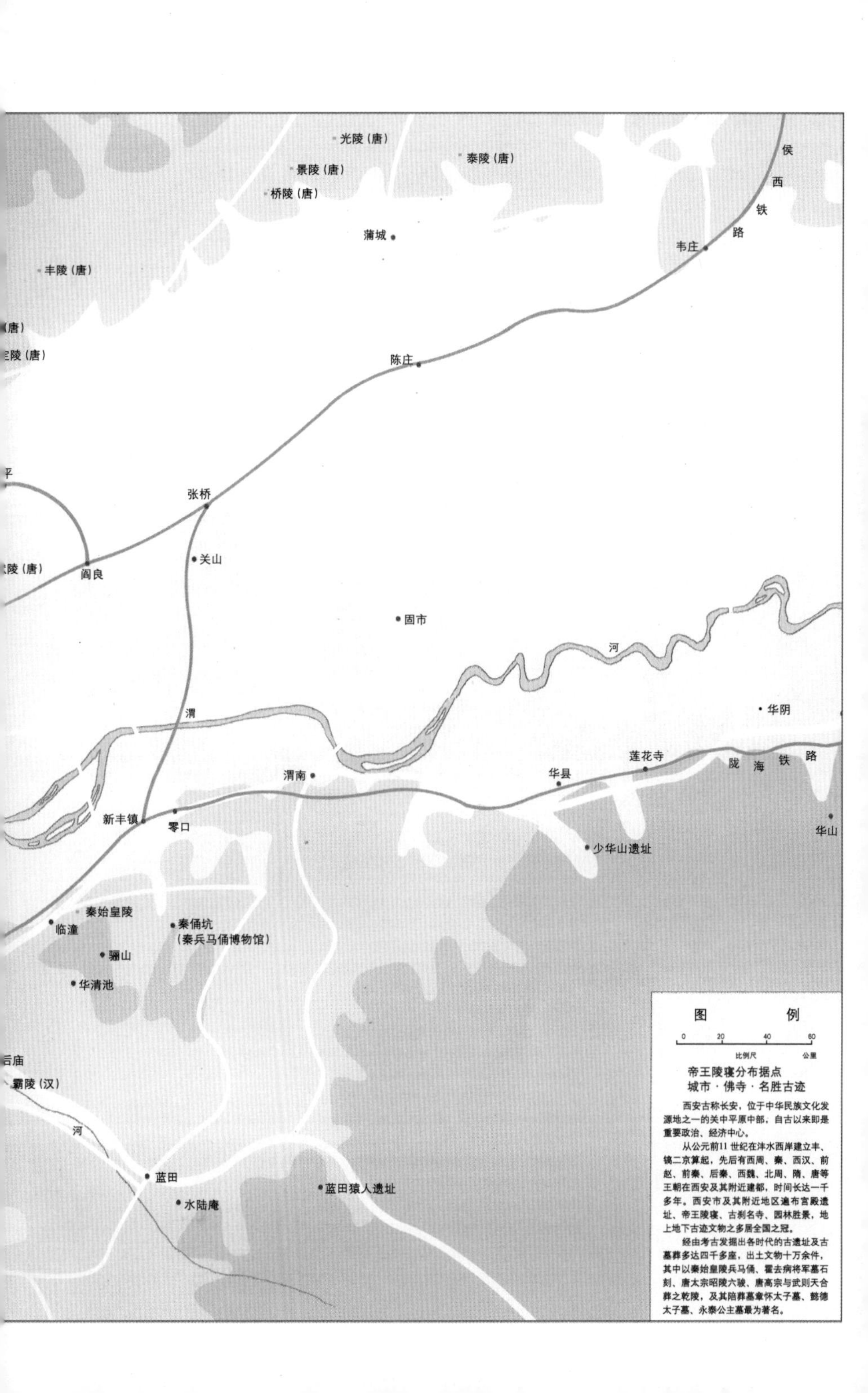

光陵（唐）
泰陵（唐）
景陵（唐）
桥陵（唐）
蒲城
侯
西
铁
路
韦庄
丰陵（唐）
陈庄
张桥
关山
阎良
固市
河
渭
华阴
莲花寺
华县
陇
海
铁
路
渭南
新丰镇
零口
华山
少华山遗址
秦始皇陵
临潼
秦俑坑
（秦兵马俑博物馆）
骊山
华清池
霸陵（汉）
河
蓝田
水陆庵
蓝田猿人遗址
图　例
0
20
40
60
比例尺
公里
帝王陵寝分布据点
城市·佛寺·名胜古迹
西安古称长安，位于中华民族文化发源地之一的关中平原中部，自古以来即是重要政治、经济中心。
从公元前11 世纪在沣水西岸建立丰、镐二京算起，先后有西周、秦、西汉、前赵、前秦、后秦、西魏、北周、隋、唐等王朝在西安及其附近建都，时间长达一千多年。西安市及其附近地区遍布宫殿遗址、帝王陵寝、古刹名寺、园林胜景，地上地下古迹文物之多居全国之冠。
经由考古发掘出各时代的古遗址及古墓葬多达四千多座，出土文物十万余件，其中以秦始皇陵兵马俑、霍去病将军墓石刻、唐太宗昭陵六骏、唐高宗与武则天合葬之乾陵，及其陪葬墓章怀太子墓、懿德太子墓、永泰公主墓最为著名。

Contents / 目 录

序一 / 刘致平
序二 / 周 谊
序三 / 叶如棠

帝王陵寝分布图
西安市周边帝王陵寝导览图

论文

陵寝建筑形制与艺术
——探索神秘的艺术殿堂

墓葬起源与陵墓建筑 / 3
由不封不树到宝城宝顶 / 4
回绝壮观的皇家陵寝 / 13
珍奇的艺术宝库 / 33

陵寝的单体建筑与总体布局
——展现多彩多姿与气势宏伟之建筑风貌

秦始皇陵 / 44
汉武帝茂陵 / 47
南朝帝陵 / 49
唐太宗昭陵 / 51
唐高宗、武则天乾陵 / 52
前蜀高祖永陵 / 54
北宋八陵 / 58
明太祖孝陵 / 61
明十三陵 / 64
清初关外三陵 / 72
清东陵 / 74
清西陵 / 81

图版

帝王陵寝建筑

秦陵 / 90
南朝陵 / 92
唐陵 / 94
宋陵 / 99
明陵 / 107
清陵 / 136

附录一 建筑词汇 / 207
附录二 中国古建筑年表 / 209

Contents / 图版目录

秦陵

秦始皇陵兵马俑 / 90

南朝陵

南朝齐景帝修安陵石雕麒麟 / 93
南朝陈文帝永宁陵石雕麒麟 / 93

唐陵

唐乾陵全景 / 94
唐乾陵“番臣”像 / 95
唐永泰公主墓壁画
《侍女图》/ 96
唐顺陵石狮 / 98

宋陵

宋永定陵石人石马 / 99
宋永定陵石雕镇陵将军 / 100
宋永定陵浮雕瑞禽 / 101
宋永定陵全景 / 102
宋永定陵夕照 / 104
宋永定陵石雕文臣像 / 106

明陵

明孝陵神道及石象生 / 107
明孝陵大金门 / 108
明孝陵四方城碑 / 109
明十三陵石牌坊 / 111
明十三陵大红门 / 112
明十三陵神功圣德碑楼与
华表 / 115
明十三陵神道及石象生 / 116
明十三陵神道石象生
——骆驼 / 118
明十三陵神道石象生
——立象 / 119
明十三陵神道石象生
——武将 / 120
明十三陵神道石象生
——文臣 / 120
明十三陵神道石象生
——勋臣 / 121
明十三陵长陵祾恩门匾额及
天花 / 122
明十三陵长陵祾恩殿 / 123
明十三陵长陵方城明楼 / 124
明十三陵长陵方城明楼与
二柱门 / 125
明十三陵献陵方城明楼与
二柱门 / 126
明十三陵景陵全景 / 129
明十三陵泰陵方城明楼 / 130
明十三陵永陵祾恩殿前
丹陛石 / 131
明十三陵定陵方城明楼 / 132
明十三陵定陵地宫前
殿门罩 / 133
明十三陵定陵宝城 / 134
明十三陵庆陵方城明楼
侧景 / 135

Contents / 图版目录

清陵

清永陵鸟瞰 / 136
清福陵下马碑 / 137
清福陵隆恩门 / 138
清福陵隆恩殿全景 / 141
清福陵隆恩殿 / 142
清福陵哑巴院 / 144
清昭陵石牌坊夹杆石兽 / 145
清昭陵坐麒麟 / 146
清昭陵正红门 / 147
清昭陵角楼斗栱 / 148
清昭陵隆恩门 / 149
清昭陵隆恩殿 / 152
清昭陵方城明楼 / 153
清昭陵方城望五供 / 155
清昭陵方城全景 / 156
清东陵孝陵石牌坊 / 158
清东陵孝陵石牌坊夹杆石浮雕 / 161
清东陵孝陵大红门 / 161
清东陵孝陵神功圣德碑楼 / 162
清东陵孝陵神道与石象生 / 163
清东陵孝陵神道石象生——獬豸 / 164
清东陵孝陵神道石象生——文臣 / 165
清东陵孝陵神道石象生——骆驼 / 165
清东陵孝陵棂星门 / 166
清东陵孝陵棂星门局部 / 167
清东陵孝陵神道碑亭 / 168
清东陵景陵五孔石桥 / 170
清东陵景陵神道与石象生 / 173
清东陵景陵神道远眺 / 174
清东陵景陵牌坊 / 176
清东陵景陵双妃园寝 / 179
清东陵裕陵全景 / 180
清东陵裕陵牌坊 / 181
清东陵裕陵内红门 / 182
清东陵裕陵方城明楼 / 183
清东陵定陵牌坊 / 184
清东陵定陵隆恩殿正面 / 187
清东陵定陵全景 / 188
清东陵惠陵全景 / 190
清东陵普祥峪定东陵内红门 / 192
清东陵普祥峪定东陵隆恩殿 / 193
清东陵菩陀峪定东陵隆恩殿 / 193
清东陵菩陀峪定东陵配殿室内梁架 / 194
清东陵定东二陵全景 / 195
清西陵泰陵石牌坊 / 196
清西陵泰陵宝城与哑巴院 / 197
清西陵昌陵圣德神功碑楼 / 198
清西陵昌陵神道碑亭 / 199
清西陵慕陵石牌坊 / 200
清西陵慕陵宝顶与围墙 / 201
清西陵慕陵隆恩殿内景 / 203
清西陵崇陵地宫 / 205
清西陵崇陵方城明楼 / 206

论文

陵寝建筑形制与艺术

——探索神秘的艺术殿堂

中国人基于灵魂不灭、事死如生的观念，而产生墓葬制度，他们将墓葬视为福及自身，荫及子孙后代的终身大事，在皇室中更发展出一种集地下安葬与地上祭礼于一体的陵寝建筑。历代帝王长眠的风水胜地，更成为了神秘的艺术殿堂。

陵寝建筑为中国古建筑中一个重要部分，历代帝王陵寝形制受当时社会思想、国力强弱、营建技术的影响迭有演变。周代以前多建地下木椁大墓，地面不树不封，秦代中央集权，皇陵出现高大封土，奠定帝王陵寝的总体格局；汉袭秦制，但因砖石建筑技术发展，大量使用砖石结构；唐代国力强盛，盛行厚葬，墓葬追求高敞，帝王多以山为陵；宋代与辽、金、西夏长期征战，国势日衰，帝陵相形简朴；明、清两代尊儒崇礼，重视传统，帝陵多仿宫殿形式营建，出现多处院落组合的陵寝建筑，及由多个帝陵集合而成极其庞大宏伟的帝陵群。修建帝王陵寝属皇室大事，朝廷往往不惜靡费大量人力财力精心构筑。因此建筑规模巨大，结构坚固，造型宏丽。而且古代宗法制度深度影响建筑创作，故陵寝建筑无论形制、材料、装修、纹饰、色彩等，往往使用最高等级，极为隆重。这些帝王陵寝集中反映了中国古代建筑极其

清定陵鸟瞰

定陵是咸丰帝的陵寝，始建于咸丰九年(1859年)，位于清东陵最西端的平安峪。这里背依高山，面向平川，地势高低起伏，环境十分优美。定陵神道设在平原，陵寝设在山脚台地。建筑群串联在由南面的石桥至宝城宝顶的中轴线上。图中清楚可见中轴线上由南至北的石象生、牌楼门、神道碑亭、隆恩门、隆恩殿等，建筑层层跌落，布局紧凑，雄伟壮观。

辉煌的艺术与技术成就，为中华民族艺术遗产宝库中一颗璀璨的明珠。

墓葬起源与陵墓建筑

墓葬起源于灵魂观念的产生。大约在原始氏族社会的中期，就已经产生了灵魂的观念。当时人们既不了解身体的构造，更不知道人体神经活动的机理，因而根本无法理解做梦与产生幻觉的生理原因。于是，受梦中景象的影响，人们开始认为，思维和感觉并不是他们身体活动的一部分，而是一种寄托于人身，并在人死亡时游离人身的灵魂之活动。由此产生“灵魂不死”的观念。他们认为，人生虽有终，但灵魂将不灭，只是到另外一个世界去了。这些不灭的灵魂在冥冥阴间像生前一样生活，而且能回到人间赐福降灾，故常出现于人们的梦中。因此，人们对于已故的祖宗不仅有情感上的怀念，还希望他们在阴间生活美好、荣华富贵，并能福佑子孙、庇护后代。随着社会文化的发展，这种纪念和祈福的心理，逐渐发展出一整套祭祀礼仪制度，出现祭祖用的宗庙。

所谓“事死如生”者，即以人生时的生活起居饮食礼仪，时时奉祭已故的祖宗。此举因袭相传乃成为社会习俗。

秦始皇陵

秦始皇陵原名“丽山”，位于陕西省临潼县城东，建成于公元前210年。封土极为壮观，原高约120米，经2000多年风雨侵蚀，现高仍达64米。陵园模仿都城咸阳，设有长方形城廓两重，可惜陵园内高耸的殿宇早已毁于战火。封土下的地宫，其规模之宏伟尤为惊人，但至今尚未发掘。

同时相应产生了墓葬制度。墓室不仅作为安葬死者的地穴，而且还是死者灵魂生活起居的所在，因而地穴形制或可模拟人间居室与殿堂。死者生前的生活用品和饰物往往随之葬入墓室，供死者继续享用。

到秦代，对祖先的礼拜从宗庙移到墓侧。据《续汉书·祭祀志》记载：“古不墓祭……秦始出寝，起于墓侧。”即在墓前建造专供祭祀用的建筑物，于是形成了完整的陵墓建筑。所谓陵墓建筑，或曰陵寝，是指既包括地面祭祀建筑物，又包括地下墓室及其封土，集祭祀和安葬功能于一体的一种特殊建筑。

在帝王陵寝中，墓室称为“地宫”，往往由前后左右数进殿堂组成，形制宏敞，结构坚固。“地宫”上部是隆起于地面规模宏大的封土。地面建筑则包括众多的殿宇，及其前列的牌坊、碑楼、石人石兽、石桥、碑亭等。这些地上地下建筑物，按照一定的形制和秩序建造排列，形成一组占地广阔、规制严整、壮丽宏伟的建筑群。

由不封不树到宝城宝顶

游览过古都西安的人，绝不会忘记秦始皇陵呈覆斗形雄伟高大的封土，它像一座土垒的金字塔矗立在渭河南岸的关中平原上；更不会忘记唐高宗和武则天合葬的乾陵，以山峰作为封

土的宏伟气势。但是，帝王陵寝的封土并非一开始就是这样，它经历了由不封不树到宝城宝顶的漫长演变发展过程。

1. 墓而不坟

根据历史文献记载，周代以前，墓穴上部的地面上，一般不留特殊标志。《易·系辞》记载："古之葬者，厚衣而薪，葬之中野，不封不树，丧期无数。"说明早期的墓葬只是将死者裹上草柴埋入土中了事，既不封土，也无其他标志。

到春秋战国时期，祭祀礼制有所发展，出现许多祷告鬼神和祖先的宗庙。此时，许多诸侯国也相继采用一种新的墓葬制度，开始在墓上垒土成坟，出现了封土墓，又名冢墓。考古学家在河北、山东、安徽、湖北等地，均曾发现建于此期的封土大墓。

为什么会在墓上出现封土呢?首先起因于需要在墓上设置一个永久性的标志，以便于后代经常去墓前拜奠祖先。起封土和树立墓碑是设置永久性标志最简便易行、坚实可靠的做法。其次，墓穴上起封土也是为了加深墓穴的深度。据《吕氏春秋》记载，墓穴"浅则狐狸抇之，深则及于水泉"，只有加高封土才能保证墓穴的安全。后来，起封土就逐渐成为一种葬仪制度，而且以死者官爵等级或财富多少来定封土的大小。爵位越高，墓的封土就越大，墓碑也越高。当时君王及诸侯墓上的封土已相当高大，其状犹如山丘，故坟墓又称为“邱”。

将坟墓称作“陵”约始于战国中期。《史记·赵世家》记载，赵肃侯“十五年起寿陵”，吕祖谦《大事记解题》评注说：“寿陵之名见之于书传者，盖自此始。”此后，君王的坟墓就一概称为“陵”。可能因墓上的封土日益高大，用“邱”称之，已不足以表达其气势之雄伟；谓之曰“陵”，则更具崇高壮阔之象征。

3000年来，帝王陵寝封土形成及其发展演变，大致可以划分为三个阶段：春秋战国，秦、汉和北宋时期的“方上”；唐代的“因山为陵”；明、清时期的“宝城宝顶”。

2. 土垒的金字塔

“方上”是早期帝陵封土的一种形式。即于墓穴之上用土垒成的方形坟头，其状如上小下大的四棱锥台，或曰覆斗；因为上部是方形平顶，故名“方上”。之所以做成方形，一方面是因为它象征着帝王生前居住的宫殿，因而以方为贵，遂成习俗；另一方面可能是因为要使封土形状与方形地宫相匹配。据考古调查资料表明，秦始皇陵地宫即呈近似方形。

方上是秦、汉时期帝陵封土的典型做法。虽然最早出现于春秋战国，往后延续到宋代，一直沿用了一千多年，但是鼎盛时期在秦、汉。其登峰造极的代表作就是位于西安临潼的秦始皇陵。

秦始皇建立了中国历史上第一个中央集权的统一大帝国，统一后不久即动用70余万民工大规模筑陵，历时37年。秦始皇陵方上现高64米，底边长350米。由于两千余年风雨侵蚀和人为破坏，现今封土体积已较原状大为减小。据推测，当初方上高度应在120米以上。其规模之大空前绝后，历代帝陵无出其右。将它称作土垒的金字塔一点也不过分。

汉袭秦制，西汉帝陵大多模仿秦始皇陵。11座帝陵中有10座都是平地起冢，筑成方上，高大如山。其中有9座分布在渭河北岸的咸阳原上，景象壮阔，引人注目。规模最大的是位于兴平县境内的汉武帝茂陵。武帝在位54年，茂陵营建长达53年，其方上高达46米，底边长240米，较之秦始皇陵并不逊色。西汉帝陵内置寝殿与苑囿，周以城垣，设官署和守衙的兵营。陵旁往往有贵族陪葬墓，并迁移各处的富豪居于附近，号称陵邑。

东汉帝后多葬于洛阳邙山上，遂废止陵邑。且东汉国力渐衰，帝陵封土形式虽未改变，但规模远小于西汉。河南孟津光武帝原陵封土高不过20米，占地不过两三公顷。其后的三国、两晋、南北朝时期，国家分裂，社会动荡，战乱频仍，有识之士力主薄葬，葬俗乃有所变，“不封不树”的潜葬又成了当时丧葬的基本形式。魏文帝曹丕说：“自古至今未有不亡之国，亦无不掘之墓地。丧乱以来汉氏诸陵无不发掘，至乃烧取玉匣，金镂骸骨并尽，是贵如之刑也，岂不痛哉!祸由乎厚葬。封树桑霍，为我之诫，不亦明乎!”(《三国志·魏书·文帝纪》)当时帝陵或者规模缩小，形制简朴；或者不起封土，“墓而不坟”。

3. 因山为陵

唐代是中国古代空前昌盛的时期之一，经济文化蓬勃发展，国力之强前所未有，厚葬乃又兴起。唐代帝陵较之前代帝陵大有改观，“因山为陵”成为主流。所谓“因山为陵”，是在山腰修建地宫，以山丘作为墓上的坟头，不再另起封土。这使中国帝陵进入崭新的时期。其实因山为陵并不始于唐代，汉文帝因非正嗣，故未葬于祖陵兆域，另在西安东南的白鹿原上依山为陵，修建了形制简朴的霸陵，开启唐帝因山为陵的先河。但被确定为帝陵制度，并诏令子孙后代“永以为法”者，乃在唐太宗贞观时期。关中18座唐代帝陵中，有14座依太宗诏因山为陵。它们散布在东起蒲城西到乾县近200里地的渭北高原上，蔚为大观。其中太宗的昭陵和高宗、武则天合葬的乾陵最为壮观宏丽。不只山势雄伟，且其陵园之广阔、殿宇之高敞、陪葬墓之众多，石雕之精美、壁画陶俑之绚丽，都是历代帝陵中少见的。

昭陵始建于贞观十年(636年)。是年长孙皇后病故，太宗遂下诏因九嵕山筑陵。长孙皇后临终时曾对太宗说：“妾生既无益于时，今死不可厚费。无用棺椁，所需器服，皆以木瓦，俭薄送终……请因山为陵，勿需起坟。”实际上这正是太宗本人的意思。他为长孙皇后所撰碑文曰：“王者以天下为家，何必物在陵中，乃为己有。今因九嵕山为陵，不藏金玉，人马器皿，皆用土木形具而已。庶几奸盗息心，存没无累。”不过，实际上太宗本身并不采用薄葬，而是非常厚葬：选择山势不厌其高，营建地宫不厌其深，凿制碑石不厌其多，筑陵时间长达13年，所耗不亚秦、汉诸陵。故因山为陵并非出于节俭，实乃以其山势之宏伟体现帝王气魄之博大，亦在于山陵坚实难以盗掘，而使“奸盗息心”。

令人费解的是，除初唐高祖献陵外，尚有三座晚唐帝陵(敬宗庄陵、武宗端陵、僖宗靖陵)居然不遵诏因山为陵，而是承袭秦、汉旧制，堆土成冢，筑成方上。此举可能反映依山卜陵的困难。因为唐代诸帝中，据史料记载，太宗和玄宗均在生前钦定陵址，其余诸帝却无选陵的记载，可能是死后才选陵址。如高宗死于东都洛阳，当时关中遭灾，高宗遗命要就地安葬，后因武则天的坚持，才得归葬于国都长安附近的乾县。可见乾陵并不是预先选定修筑的。但要在帝王去世后短时期内，在长安附近选定翔龙翥凤的冈峦作为陵地，

晨曦中的清定东二陵

定东陵是慈安、慈禧两位皇后的陵寝，因位于定陵之东而得名。始建于清同治十二年(1873年)，两陵东西并峙，西侧(右)是慈安的普祥峪定东陵，东侧(左)是慈禧的菩陀峪定东陵。两陵除无神道和石象生、牌坊外，其他建制与帝陵全无差别。这在后陵中是绝无仅有的，也反映了同治、光绪两朝内母后掌权的现象。濛濛晨曦中，依稀可见陵中的宝城宝顶。

并完成规模宏大的筑陵工程，并非易事，因而在不得已的情况下，用堆土为陵代替因山为陵，也是顺理成章的做法。由于晚唐几个堆土陵筑陵时间短，加之当时藩镇割据，战事频繁，国力已衰，因而其规模远逊于汉陵。其中靖陵最小，封土高仅8.6米，方形底部边长仅40米。

因山为陵毕竟过于受地形限制，且工程之繁难非事先可预料，故难以长久流行。到唐王朝灭亡时，这种做法随之烟消云散。至五代十国和北宋时期又恢复堆土为陵的传统做法。但为国力所限，加之宋制规定帝王生前不建寿陵，死后7个月内筑陵入葬，故大规模的方上已难再现，北宋帝陵方上高不足20米。而此时规模较小、修筑较易、不易积水的圆包形封土则时有所建；封土底部还出现条石基础或挡土墙，以防止封土流失。实际上已具明、清时期“宝城宝顶”之雏形。

4. 宝城宝顶

自明代起，帝陵发展又进入另一个新时期，不只出现规模极为宏大、布局严整的帝后陵群，充分发展墓前的入口引导部分，强化环境、空间和建筑艺术，而且封土形式演变成具有艺术性的宝城宝顶。所谓宝城即在地宫上面用砖砌筑

清昭陵方城明楼

昭陵是皇太极和孝端文皇后的陵寝，位于辽宁省沈阳市北，建于清崇德八年(1643年)。昭陵方城与关内诸清陵方城形式不同，系由城墙围合成长方形城堡式大院落，隆恩殿即位于院落中央。方城北墙正中耸立的碑楼称为明楼。

清裕陵哑巴院

哑巴院是方城后部、宝顶前部的封闭小院，院内两侧设有转向礓道，可循此登达方城明楼。

圆形或长圆形城墙；宝城以内堆土成冢，高度超过宝城者为宝顶。明代宝城平面多为圆形，直径甚大，如孝陵直径达400米，长陵直径达340米；清代宝城有圆形和长圆形两种，而以后者为多，且直径减小，故宝城外围另设罗圈墙，以与陵墙整合在一起。宝城前端筑有方形城台，称为方城；方城上建有碑楼，称为明楼，楼内立有皇帝谥号石碑。这种宝城、宝顶、方城、明楼结合在一起的形制，不仅使陵墓建筑拥有很高的艺术性，而且加强“陵”与“寝”两大部分的有机结合，使享殿与明楼、方城两者成为陵寝建筑序列中的最高潮。

自地面登方城有两种方式。一种是沿方城内部左右礓道，或沿方城两侧礓道上达方城。另一种是穿越方城，到达方城之后、宝顶之前的小院，然后沿院内的转向礓道登上方城。采用此种方式者，方城与宝顶两者由封闭小院紧密联系在一起。由于此小院十分封闭，故名哑巴院。哑巴院迎面琉璃影壁的下方就是进入地宫的隧道口。

关于哑巴院形制的出现，先师刘敦桢先生曾于《易县清西陵》一文中说：“逮清之福陵、昭陵，始于方城、宝城间设哑巴院，移礓道于院内。入关以后，沿袭相承，遂成一代制度，仅泰东陵一处，尚如明长陵耳”(见《刘敦桢文集》第二集)。这个结论并不确切。细察北京明代帝陵，中后期诸陵如穆宗昭陵、光宗庆陵与熹宗德陵，都设有哑巴院，其形制与清代帝陵中的哑巴院几无二致。可见哑巴院肇始于明代绝无疑问。盖刘先生《易县清西陵》写就于公元1935年，当时限于交通条件，不可能遍察明代各陵，故有此论。

至于哑巴院产生的原因，学界至今似无定论。笔者以为这很可能是由于宝顶直径日趋缩小的结果。因为宝顶缩小，同时又要保持封土的厚度，因而在地宫隧道口上方不得不设置高大的挡土墙，即月牙城。于是，挡土墙与宝城前沿就围合成一个平面为月牙形或方形的高大的封闭小院，即哑巴院。

关于明代帝陵还有一种怪事：明代皇帝中，既有修陵未葬的，也有借陵下葬的。明正统十四年(1449年)蒙古瓦剌部南侵，宦官王振挟持年轻的英宗亲率50万大军冒险出征，在

清代宝城以长圆形为多，且直径较小，故宝城外围另设罗圈墙一道，以与陵墙整合在一起。宝城的正南端筑有方形城台，称为方城；方城上建有碑楼，称为明楼，楼内立有皇帝谥号石碑。这种宝城、宝顶、方城明楼结合在一起的形制，不仅使陵墓建筑拥有很高的艺术性，而且加强了“陵”与“寝”两大部分的有机结合，使享殿与明楼方城两者成为陵寝建筑序列中的最高潮。

自地面登方城有两种方式。一种是由方城甬道顶端两侧之隧道踏垛登上方城；另一种是穿越方城，到达方城之后、宝顶之前的小院，然后沿院内的转向礓道登上方城。方城与宝顶两者由小院紧密联系在一起。由于小院封闭狭仄，故名哑巴院。哑巴院迎面的琉璃影壁的下方是进入地宫的隧道口，封闭隧道口和修筑哑巴院则是整个陵寝工程的最后一道工序。

方城明楼、哑巴院平面图

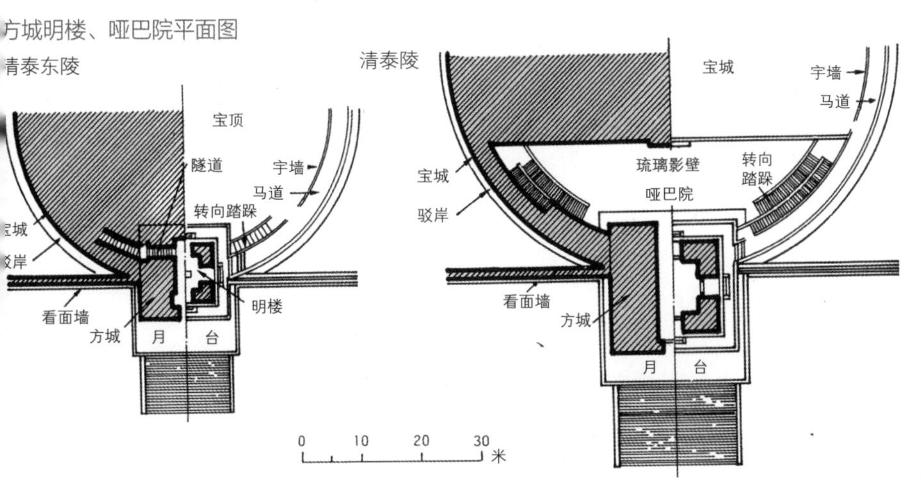

清裕陵方城明楼

裕陵是乾隆帝的陵寝，位于清东陵孝陵之西的胜水峪。方城明楼矗立在高大的台基上，显得更加雄伟庄严。台基前设有石五供，方城两侧设看面墙，看面墙上设腰门，由此可进入宝城与罗圈墙之间的夹道。

土木堡被瓦剌军围困，一场血战，明军大败，英宗被瓦剌军生俘，此即明史上有名的“土木之变”。当年9月，群臣拥立郕王朱祁钰(英宗之弟)即皇位，年号景泰。瓦剌军挟持英宗数次进犯北京，均被兵部尚书于谦打败，无奈放回英宗撤兵而去。英宗回京后被尊为“太上皇”。景泰七年(1456年)景泰帝开始为自己建陵。次年，陵还未建成，就发生了明史上著名的“夺门之变”，英宗朱祁镇复辟，景泰帝被废，继而又被勒死并削掉帝号，以王礼葬于京西的金山。他修建的陵墓没有用上。成化十一年(1475年)，宪宗鉴于其叔朱祁钰在“土木之变”后“戡难保邦，奠安宗社”有功，故又复其帝号，称景皇帝，庙号代宗；但其灵柩并未迁葬，故陵墓一直空着。至万历四十八年(1620年)神宗去世，光宗朱常洛即位。由于神宗宠妃郑氏对光宗即位不满，故买通太监和御医暗下毒药，光宗在位仅29天即一命呜呼。其时神宗尚未下葬，加之国库空虚，光宗的丧事只能从简。群臣建议，将光宗葬入景泰帝陵，因为景泰帝修建的陵，地面建筑虽然已经毁损，但地下建筑保存尚好，可以修旧利废。不久，光宗被葬入原景泰帝陵内，陵名则改称庆陵。

穆宗朱载垕葬于昭陵是借陵下葬的又一例。正德十六年

(1521年)武宗朱厚照去世，因其无子，堂弟朱厚熜继位，即世宗。嘉靖三年(1524年)，世宗追尊其父为本生皇考恭穆献皇帝，尊其母为本生章圣皇太后，并在湖北安陆(今名钟祥)为他们修建陵墓，荐号“显陵”。嘉靖十七年(1538年)，章圣皇太后病死北京，世宗却又下令在北京天寿山前大峪山东麓另建显陵，拟把父母合葬于此。但几经周折，章圣皇太后最终还是南葬钟祥，大峪山下的新显陵便空下来了。隆庆六年(1572年)穆宗病故，神宗朱翊钧(万历皇帝)采纳张居正等众臣建议，利用保存尚好的空陵墓，再加修缮，葬穆宗于此，改名昭陵。

回绝壮观的皇家陵寝

历代王朝大多耗费大量人力财力修筑帝陵，完成广阔的陵区、宏伟的殿宇及神秘的地宫。

1. 广阔的陵区

多数帝陵不但有高大的封土、宏丽的殿宇，而且有规制恢弘的陵园，外围还有占地极广的陵区。

据史料记载，秦始皇陵园“内城周五里，旧有四门，外城周十一里，其址俱存”(《骊山记》)。近年来经两次钻探踏

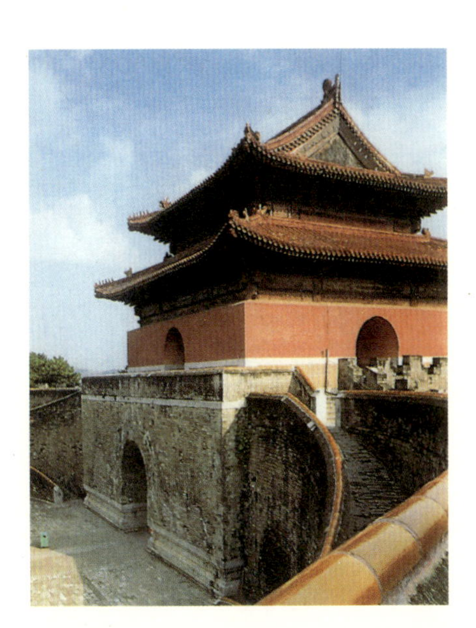

清定陵方城明楼

定陵方城明楼犹如建在山腰的城堡，十分壮观。四周草木葱茏，景色秀丽，亦属风水胜地。由西侧山坡向东眺望，定、东二陵的明楼、隆恩殿等历历在目。

勘，已查清内外两重城墙的墙基，其中外城南北长2165米，东西宽940米，周长为6210米，占地面积为200万平方米。至于陵区占地多大尚无确论，但陕西省文物考古工作者经过近10年有计划的普查和钻探，已初步查明，整个陵区及其从葬区东西南北应各长7.5公里，总面积为56.2平方公里。

唐太宗昭陵面积更是惊人。昭陵主峰九嵕山孤峰回绝，太宗玄宫居高临下，167座功臣贵戚的陪葬墓分列两侧，整个陵区占地30万亩。昭陵寝宫建在陵山垣墙以外西南角，“去陵十八里，封内一百二十里”。这样大的陵区不仅在国内，而且在世界上也是少见的。诗人杜甫曾描述过昭陵的雄伟景象：“圣图天广大，宗祀日光辉。陵寝盘空曲，熊罴守翠微。再窥松柏路，还见五云飞。”高宗与武则天合葬的乾陵，周40公里，规模也是极为可观的。

位于河南巩县(今巩义市)的北宋八陵，规模虽远逊于汉、唐，但整个陵区占地近8平方公里，亦可谓头枕黄河、足蹬嵩山了。

明十三陵位于北京城北昌平区天寿山南麓。因有十三个皇帝相继在此安葬，故统称十三陵。陵区南起蟒山、虎峪，北达天寿山主峰，东自潭峪岭，西至大峪山，占地40平方公里。从石牌坊到宝顶的中轴线长达7公里，其巍然壮观几达极致。它是中国现存规模最大、保存较好、陵寝数量最多的一处帝陵建筑群。

清代9座帝陵分建于东西两地，世称清东陵与清西陵。清东陵位于北京东北125公里的河北遵化县。初建陵时幅员极其辽阔，南北长125公里，东西宽20公里。整个陵区以昌瑞山顶的明长城为界，划分为前后两部分：长城以南为“前圈”，周围砌筑了近40华里的风水墙，是设置陵寝的地区；长城以北为“后龙”，是风水禁地。陵区周围辟有长达数百公里、宽达20丈的防火道，道边设有960根红桩，火道外20丈处另设960根白桩，两色木桩红白分明，警告百姓不得入内。十里之外另立青桩，桩上悬牌曰：“凡木桩以内，军民人等不准越入设窑烧炭。各宜禀遵，如敢故违，严拿以重治罚。”以此可见其占地之广阔十分惊人。

清西陵位于北京西南120公里的河北易县。陵区面积比东陵小，但也十分可观。雍正年间，风水墙就修了40多里；其后随着入葬帝王后妃的不断增多，陵区不断扩大。其界线，北起奇峰岭，南到大雁桥，东临燕下都，西止紫荆关，周长达200公里。四周亦设有红桩、白桩和青桩，青桩之外又开辟20里宽的官山，严禁百姓过往。

2. 风水胜地，上吉之壤

“风水”理论或曰堪舆学，在中国古代建筑活动中几乎是无所不在的。尽管这种学说混杂了浓厚的迷信色彩，但是仔细探索它的理论和实践，可以看出，它具有地质、地理、气象、水文、生态、景观、美学、心理等各方面的丰富内涵。自然空间封闭、负阴抱阳、背山面水，是风水理论中有关基地选择的基本指导思想。建筑与山水协调和谐，具有良好的整体景观，则是规划设计的基本原则。这种指导思想和基本原则，今天看来仍有其科学性和合理成分。

历代帝王均将陵寝宗庙视作国家的代表，江山的象征，建造陵寝最讲究风水。细察历代帝陵，都是经过周密审慎的选择，在具有优良的地理地质条件和环境景观质量的“风水胜地，上吉之壤”营建起来的。因而它们总能以完美的山川自然形势予人强烈的艺术感染，形成庄严、肃穆而又充满生

清泰陵隆恩殿

雍正帝为追求吉壤胜地的陵址，于雍正八年(1730年)开始在易州泰宁山下天平峪兴建泰陵，另辟西陵陵区。泰陵隆恩殿建在汉白玉台基上，面阔五间，进深四间，重檐歇山黄琉璃瓦顶，十分壮丽。

气的纪念气氛。这正是帝陵建筑艺术最突出的成就之一。西方学者在谈中国古代陵墓建筑的文化特征时曾指出："中国人在其世界里……独自徘徊时，由友好的大自然来引导他谒见天神与祖坟；所以没有任何其他地方，风景会如此成为建筑艺术的材料。"这种见解是完全正确的。

秦始皇陵为何要建在骊山北麓？这里背靠骊山，脚蹬渭河，骊山层峦叠嶂，景色宜人，在层峦之间有一突出高峰，两侧山脉对称曲转，形如莲花瓣。更兼东有戏水，西有霸河，沟渠相向弯曲，犹如芙蓉。陵穴即在花蕊处，因而整个陵区地形乃似一朵向阳莲花，确是山胜水秀的宝地。加之该地盛产美玉、土中含金，故《水经注》说："秦始皇大兴厚葬，营建冢圹于丽戎之山，一名蓝田，其阴多金，其阳多玉，始皇贪其美名，因而葬焉。"

唐太宗筑昭陵，也是他亲自选定陵址。太宗早年征战，晚年狩猎，对九嵕山地形相当熟悉。他曾对侍臣说："九嵕山孤耸回绝，山高九仞，可置作山陵之处。"可见他早就看中了九嵕山形势雄伟，因而定为陵地。九嵕山海拔1888米；南隔关中平原与太白、终南诸峰遥相对峙，山势突兀，冈峦起伏，主峰高耸入云，气势磅礴；山顶呈锥形，晴天似镶金嵌玉，光彩闪烁，雨天如笼烟罩雾，迷濛轻秀。以此为陵，岂非绝妙!民间相传，太宗曾委托李绩(徐懋公)和魏征为他卜陵。李绩来到九嵕山，登上峰顶，看中了这块宝地，便埋下一枚铜钱做记号。不久魏征也登上九嵕山，也看上了这片吉壤，便拔下头上的发针插入地面做记号。说来也怪，发针正好扎在铜钱的中心。太宗对此自然十分满意。故事固不可信，但九嵕山形胜天然，太宗以此为陵是有道理的。

宋陵明显地根据风水观念来选择地形。因宋王室为赵姓，按风水理论，其墓地宜"东南地穹、西北地垂"，因此各陵地形东南高而西北低。由鹊台开始愈北地势愈低，一反中国古代建筑基址逐渐增高，而将主体置于最高位置的传统方法。诸陵的朝向都向南而微有偏度，以嵩山少室山为屏障，其前的两个次峰为门阙。

明十三陵是明成祖派人选址又亲自察看选定的。此地背靠高大的天寿山，面向广阔的华北平原；燕山余脉自西向东迤逦而来，在陵区北、西、东三面排成一个山环，形成一个群山环抱的小盆地；山间明堂广大，群山若封似闭，气势十分壮观；更有温榆河缓缓流经盆地，景色秀丽，确是“风水”胜地，绝佳“吉壤”，因而被明王朝选定为营建帝陵的“万年寿域”。

位于河北遵化县境的清东陵，其形势之胜不亚于明十三陵。东陵北靠高峻的昌瑞山，东依蜿蜒起伏的马兰峪丘陵，西傍蓟县层峦叠翠的黄花山，南有天台、烟墩两山对峙，形成一个天然的陵口，中间48平方公里原野坦荡如砥。登上昌瑞山主峰，极目远眺，但见崇山峻岭绵亘不绝，气势磅礴，令人神驰；俯视南面，阡陌纵横，平川如画；环顾左右，两侧山峰层层跌落，井然有序，犹如一道天然的屏风。这里确是一片绝佳“吉壤”。民间传说，这块宝地是顺治皇帝亲自选定的。一天，顺治帝外出狩猎，来到昌瑞山凤台岭。他登临极目，北眺如潮重峦，南望似毯平野，面对壮美河山，不禁发出由衷的赞叹。他对身旁的群臣宣布：“此山王气葱郁，可为朕寿宫。”随后又将右手大拇指上佩带的玉板扔下山坡，说：“碟落处定为穴。”群臣遵旨在草叶中找到玉板，打桩做记，后来即在此地建立了清东陵的第一座帝陵，即顺治帝的孝陵。

既然有了清东陵，何又出现清西陵呢？原来，按照“子随父葬”的“昭穆之制”，雍正帝本应葬于顺治帝孝陵和康熙帝景陵的西侧。雍正帝起初决定将自己的陵址选在东陵的九凤朝阳山下，但他另有所图，遂觉此地不符理想。据雍正七年十二月《起居注》记载，雍正帝认为：“此地近依孝陵、景陵，与朕初意相合。乃精通堪舆之人再加相度，以为规模虽大而形局未全，穴中之土又带砂石，实不可用。今据怡亲王、总督高其倬奏称，相度得易州境内泰宁山下天平峪万年吉地，实乾坤聚秀之区，阴阳会合之所，龙穴砂石，无

清裕陵神道碑亭

乾隆帝以风水为出发点，于东陵胜水峪营建裕陵。裕陵神道碑亭是神道终点及陵前广场的视觉中心。陵前无广场，不足以成气势；广场无碑亭，不足以成格局。

美不收，形势理气，诸吉咸备等语。朕览此奏，其言山脉水法，条理详明，洵为上吉之壤。”确实，这里形胜天然，北有永宁山，主峰突起，耸入云霄；西有云蒙山，崖险壁峭，浮云缭绕；东有金龙峪，冈峦起伏，盘旋远去；南有九龙山，巍峨挺秀，青翠多娇。群山环抱中一片平川形势高爽。更南则有四季不冻的易水河蜿蜒东流。2300年前，燕太子丹送别荆轲南渡刺秦王即在此地，使人联想起“风萧萧兮易水寒，壮士一去兮不复返”的千古绝唱。雍正帝面对如此吉壤胜地自然高兴。但选择这样的陵址显然有违子随父葬的制度，因而雍正帝命大臣为他考证另辟陵区“与古亲王规制典礼有无未合之处”。群臣深知其意，便引经据典奏称，京西陵址“虽与孝陵、景陵相去百里，易州及遵化州地界与京师密迩，同居畿辅，并列神州，其地实未为遥远”。雍正帝这才表示“朕心始安”，并于雍正八年(1730年)秋动工兴建泰陵，开辟西陵陵区。

其后，乾隆帝又未随雍正帝葬于西陵，而是以“风水”为出发点，在“龙蟠虎踞、星拱云联，允协万年之吉”的东陵胜水峪营建了裕陵。为兼顾东西二陵关系，乾隆帝于乾隆六十一年(1796年)降旨后代子孙遵照“兆葬之制”，“各以昭穆次序，迭分东西，一脉相承，不致越推越远”。不过，后世帝王也并未严格遵守“兆葬之制”。道光帝首先犯规，毁东墓而西迁。慈禧又下令将本应葬于西陵的同治帝随其父咸丰帝葬于东陵。所以，清代帝陵之所以分成东西二陵，其根本原因是由于诸帝选择陵址时一味追求“风水胜地，上吉之壤”；为了能葬入风景优美的地方，可以置祖传的“子随父葬”和“兆葬之制”于不顾。这是颇为耐人寻味的。

3. 从石牌坊到宝顶

帝陵地面建筑的总体布局和形制，也是从简单到复杂、从低级到高级，逐步发展起来的。

据《续汉书·祭祀志》记载：“古不墓祭……汉诸陵皆有园寝，承秦所为也……秦始出寝，起于墓侧，汉因而弗改，故陵上称寝殿。”可见，秦代以前，墓前尚无宏大的祭祀建筑群，祭祀仪式多在宗庙举行。从秦代起，地宫及其封土与地面建筑，成为帝陵中不可或缺的组成部分，各自得到相应的发展。因而，秦始皇陵无疑是我国陵寝发展史上一个极其重要的里程碑。

秦、汉帝陵总体布局多呈方形。根据钻探勘查，秦始皇封土周围有两道长方形城墙，内城中部还有一道东西向隔墙，将内城分为南北两部分，南部即为封土，北部为设置寝殿、便殿等地面建筑的区域。整个陵园的布局是秦都咸阳城布局的再现，两道城墙象征皇城和都城，高大的封土象征雄伟壮丽的咸阳宫。

唐昭陵虽是“因山为陵”的创制，但唐代帝王葬制的基本模式却是高宗和武则天的合葬墓乾陵。乾陵因梁山北峰为陵体，四周有一个方整的内城，四面正中辟门，南门内设献殿，作为举行重大祭奠仪式的活动中心。南门外面为神道，两侧列石象生。神道南部有一对土阙，这是外城的正门。外城的西南方设有下宫，是皇帝谒陵时用的行宫。高宗以后各帝陵基本上均沿用乾陵的模式。

乾陵成为中国陵寝发展史上另一个重要的里程碑。它的创制主要有两点：一是取消了设置多个祭祀场所的做法，只在封土正南方设置献殿，作为惟一的祭祀殿堂；二是突破了方形陵园布局，在南门外设置幽长的神道，两侧设立石象生和华表。这两点对后世帝陵的布局产生了深远的影响。

所谓石象生，即石人石兽，它们护卫着帝陵，象征帝王

清昭陵石牌坊

清昭陵石牌坊建于嘉庆六年(1801年)，雕工极为精细，檐下斗栱采透雕手法雕成，额枋上布满高浮雕云龙花卉图案，异常生动，是一座巨型的石雕珍品。

生前的仪仗，故名象生。墓前设置石雕早有先例。现存最古老的石雕是汉武帝茂陵陪葬墓霍去病墓前的16件石兽和“马踏匈奴”像，不过这只是纪念死者生前丰功伟绩的一种特例。东汉期间佛教东渐，石雕造像得到发展。南朝帝陵前开始出现雕琢精致的石刻墓表和石兽，具有很高的艺术价值；但其制度较为简单，可谓尚未成形。真正将神道和石象生作为帝陵葬制乃始于乾陵；后世帝陵无不以此为楷模，如法仿效。

明太祖孝陵是中国陵寝发展史上又一个重要的里程碑。它的建成标志着中国帝陵发展进入了最后一个阶段。自此以后近600年，帝王陵寝基本上都是模仿明孝陵的格局营建的。明孝陵的创制主要有以下三点：一是封土采用宝城宝顶形式，并且建造了方城明楼；二是完全摒弃了原有陵寝的方形格局，将所有地面建筑串联在宝城宝顶南面的中轴线上，形成祾恩门—祾恩殿—祭台—方城明楼一系列的祭祀建筑区；三是极力发展入口引导部分，轴线自孝陵卫下马碑起至方城明楼止，长达2.62公里，沿途设置大金门、神功圣德碑楼、石象生、棂星门等众多的建筑和雕刻，强化了庄严肃穆的纪念气氛。

在明、清两代帝陵中，顺治帝的孝陵不仅是清东陵的首陵和主陵，而且规模大，设置全，颇具代表性。现以清孝陵为例，自南至北依次举出各建筑及石雕布置情况，由此可见明、清两代帝陵总体布局之概况。

孝陵最南端为陵区前的入口建筑石牌坊。往北走陆续经过下马碑，及东西各三间护陵官兵值班的班房，进入陵区的正门——大红门。门的两侧有风水墙。

具服殿位于大红门内东侧，有三座殿堂坐西向东，以红墙围绕，是供皇帝祭陵时更衣、休息、方便之所。

神功圣德碑楼(康熙朝以后称圣德神功碑楼)又称大碑楼，是神道上一座极为壮观的建筑物。楼内立有巨型石碑，用两种文字记述顺治帝的生平功绩，满文居左，汉文居右。明十三陵因为各陵合用一条神道，故只有长陵才有大碑楼，其他各陵只在祾恩门前有小碑楼。清代各帝陵都有自己的神道，故前五个帝陵(顺治孝陵、康熙景陵、雍正泰陵、乾隆裕陵、嘉庆昌陵)都有自己的大碑楼。惟道光朝发生第一次鸦片战争，签订丧权辱国的“南京条约”，道光帝自知再也无法与列祖列宗的功德相提并论，故下谕自本朝起不再树立圣德神功碑，取消了大碑楼。

华表又称擎天柱，为洁白晶莹的八角形盘龙石柱，上部有云板相贯，柱顶有异兽。共四根，分立于大碑楼的四角。

碑楼以北为利用原有土丘并加人工修筑的影壁山，具屏风门的作用。山北有六角形的望柱，东西各一，是石象生南端的仪仗物。

石象生共十八对，计狮子、獬豸、骆驼、象、麒麟、马各

清裕陵牌坊

裕陵牌坊是一座木石混合构成的五门六柱冲天式牌坊，五间门上架黄琉璃瓦的单檐悬山顶，石柱两边有抱鼓夹杆石，柱顶雕有异兽望天犼。这座牌坊造型清秀，色彩绚丽，是神道上一座装饰性极强的建筑物。

清裕陵神道及石象生

神道上石象生的前端是望柱，北端则为六柱五门的冲天牌坊。裕陵的神道虽然不长，但石象生有8对，较景陵、定陵多，威武雄壮的石象生群强化了帝陵的庄严气势。

两对，一对卧，一对立，武将、文臣各三对。设十八对石象生是最高等级。明、清帝陵中，惟有明十三陵长陵神道和清东陵孝陵神道设有十八对石象生，因为这两条神道既是首陵的神道，又是整个陵区的主神道，其气势非其他神道可比拟。

石象生北端为棂星门，又称龙凤门，是由三组石雕门框及四组砖砌墙垣组合而成的牌坊，属于规格比较高的神道建筑物，并不是每个陵都有的。清东陵的其他各陵都改设石柱木楼六柱五门冲天牌坊。

走过七孔桥、五孔桥，经下马碑，再越过三路三孔桥，便进入祭祀区了。

神道碑亭又称小碑楼，是祭祀区最南端的建筑物。亭内立有皇帝谥庙号石碑。

神厨库位于碑亭的东北侧，坐东朝西，是为祭祀准备祭品和存放供具的地方。南墙外设有井亭。继见东西各五间的朝房，东为茶膳房，西为饽饽房，及东西各三间的班房。

隆恩门是陵园区的大门，为五间三门殿式建筑，两侧有陵墙将整个陵园区围成前后两进院落。院内有两个琉璃砖砌筑，烧纸用的焚帛炉。东西各有五间配殿，东殿供奉祝版，西殿为喇嘛诵经处。隆恩殿为祭祀用的大殿，是整个陵区最重要的建筑物。

越过三路石平桥，进入陵园区第二进院落的大门——内

红门，可见院内的二柱门牌坊，及名曰石五供的石制供具，正中为石香炉，两旁为石花瓶和石烛台各一对，均置于须弥座石台上。

跨越石桥，便到达宝城南端的方城，城上设有明楼，楼内立有帝王的庙号石碑；城下有拱券式甬道贯通南北。方城以北为哑巴院，东西两侧设有磴道可登方城，北面正中为月牙城及琉璃壁，其下是地宫的入口处。而地宫之上即为宝顶。

从石牌坊到宝顶，这长达11华里的中轴线，串联了大大小小几十座建筑物和石象生，组合成许多个纵横交替、具有不同视觉感受的空间环境，形成了一个由低到高、由疏到密的建筑序列，最后到隆恩殿和方城明楼达到最高潮。这种布局，气势磅礴，雄伟壮观，充分展示了中国古代建筑艺术之魅力，令人叹为观止。

4. 耗费庞大的工程

历代帝陵大多建有数量众多、规制宏丽的地面建筑。可惜，明代以前帝陵的地面建筑多已无存，我们只能借助于史料的约略记载来想像它的宏伟形象。

值得庆幸的是，明、清两代帝陵的地面建筑，大部分至今保存尚好，目前已经成为旅游者的重要观光对象。

以下简要介绍明、清两代帝陵中一些出类拔萃的建筑

清裕陵圣德神功碑楼

圣德神功碑楼是神道上最宏丽的建筑物，平面为正方形，高20余米，上覆重檐歇山黄瓦顶，内立巨型石碑。楼四角有雕刻精美的白玉华表，愈显碑楼的华贵与崇高。

物。透过它们可见历代帝王陵寝雄浑壮丽之一角，同时也可借此了解修建帝王陵寝是如何的劳民伤财及靡费惊人。

石牌坊 明、清帝陵中各类牌坊总数不下四五十座，但最雄伟壮丽、最具有代表性的是三个陵区首陵入口处的五座石牌坊。其中一座位于明十三陵长陵神道前，一座位于清东陵孝陵神道前，三座位于清西陵泰陵神道前。这五座石牌坊形制相同，均是以木结构手法构成的五间六柱十一楼石结构建筑，大小相近，高约13米，宽约30米；全部用巨大的青白石料雕成，梁柱卯榫对接均系打凿而成，不用铁活。它们作为陵区最南端的建筑物，矗立在大红门外广阔的原野上，显得格外巍峨壮丽。泰陵前的三座石牌坊，一座面南，两座各居东西，与北面的大红门对应，形成一个宽敞的陵前大广场，气势尤为磅礴。

石牌坊楼顶系用整石仿木结构雕成屋脊、屋檐、瓦垄、斗栱等，额枋及枋间板上雕有旋子彩画及云纹装饰。6根大柱下嵌有巨大的夹杆石，夹杆石周围装饰着云龙戏珠、蔓草奇兽、双狮滚球等高浮雕。夹杆石上部则雕有立体的狮子、麒麟等12个卧兽。这些雕刻异常生动，为明、清石雕艺术中的珍品。

石桥 明、清帝陵区共有各种石桥150～160座，为整个陵区建筑中不可缺少的组成部分。其中大型石拱桥不仅气势雄伟，而且造型美观，皎白如玉，拱若飞虹，为陵区增添不少秀丽景色。清东陵孝陵七孔桥和景陵五孔桥各长近100米，宽达10米，每边有栏杆柱头六十余根；清西陵泰陵七孔桥长105米，宽近11米，这样巨大而美丽的石拱桥，在中国是不多见的。更为奇特的是，孝陵七孔桥栏板中含有铁质，用手敲击叮当作响，故此桥也称“五音桥”。

神功圣德碑楼 神道上最高大，最宏丽的建筑物。如清东陵孝陵碑楼高近30米，雄伟壮观，成为神道前半段几公里范围内人们的视线焦点。碑楼平面作方形，上覆重檐歇山琉璃瓦顶，造型庄严稳重，碑楼内高大的龙幅石碑巍然矗立在巨型石雕龟趺上。康熙以后更形成双碑双龟趺的制度，双碑并立，左碑刻满文，右碑刻汉文，碑身越趋高大。

石碑的体积重量异常巨大，如清西陵泰陵、昌陵大碑楼的石碑，高达13.2米，宽2.55米，厚60厘米，重数十吨。如此巨大的石碑，在当时无起重机械的条件下，是如何放到龟趺背上呢？史料上并无记载，但却流传着“龟不见碑”的故事。相传明孝陵建碑时，因龟趺高大，石碑难以就位，主管这项工程的匠师为此坐立不安。一天，他梦见神仙对他说：“想立此碑，必须使龟不见碑。”醒后他恍然大悟，命人取土将龟趺埋起来，然后顺土坡将石碑徐徐拉上，待碑立起就

明长陵祾恩殿内景

明长陵祾恩殿是中国现存的古建筑中规模最大的殿堂之一。祾恩殿室内全部柱子和梁枋都用极为珍贵的整根楠木制成。60根巨大的柱子组成宏伟的柱列，将室内天花高高擎起，其势慑人心魄。

清慕陵隆恩殿槅扇门

慕陵是道光帝的陵寝。隆恩殿门窗均用楠木制作，不施彩绘，皆呈本色。但制作异常精美，六碗菱花雕凿十分精致，裙板上雕饰的云龙图案栩栩如生，给人高贵而不富丽、素雅而不简陋的美感。

位后再将土挖去。这个故事与古埃及建造金字塔的传说异曲同工，实际上是古代匠师聪明智慧的写照。

祾恩殿 初名“享殿”，明嘉靖十七年(1538年)世宗谒祖陵后，更名“祾恩殿”，寓“祭而受福”和“罔极之恩”之意，清代改称隆恩殿。这是整座陵寝中最重要、最宏丽的建筑物，为陵寝祭祀的主要场所。某些帝后陵寝享殿建筑之精美、用料之高贵、装修陈设之豪华，可与紫禁城内主要殿堂相媲美。

明十三陵长陵祾恩殿是我国现存古建筑中规模最大的殿堂之一。它面阔九间，比故宫太和殿少两间，但宽度达66.75米，比太和殿宽出近3米。进深五间，达20.31米。大殿坐落在三层白石台基上，上覆重檐黄瓦庑殿顶，它的形制规格在古建筑中已经属于最高等级。室内全部柱子及梁枋均用极其名贵的整根楠木制成，不施彩画，浑厚质朴，别具一格。60根巨大的柱子将室内天花高高擎起，具有慑人心魄的非凡气势。大殿正中的四根柱子，直径达1.17米，两人无法合抱，极为稀有。整座建筑极其宏伟壮丽，是中国古建筑中最精粹的珍品之一。

清西陵慕陵是道光帝的陵寝。道光帝一生标榜俭约，他曾说：“建造万年吉地，总以地臻完美为重，不在宫殿壮丽以侈观瞻。”因而慕陵的规模比清代其他帝陵为小，形制也较简单。但是帝王总是奢侈者；慕陵规模虽然不大，然做法

清慕陵隆恩殿室内天花

每块天花板的中央都有楠木雕制的龙，龙头作向下俯视状。伸出板面达30厘米。仰首上望，但见万龙聚会于一堂，可谓人间奇观，精妙绝伦。

上却有许多独特之处，所耗人力财力并不亚于其他帝陵，其中以隆恩殿最为典型。

慕陵隆恩殿为单檐歇山顶，单层台基四周无汉白玉栏杆，形制简单，但木构架及装修却全部用金丝楠木制成，不施彩画，以蜡涂烫。全部天花板、槅扇、门窗、雀替上均雕有立体云龙和蟠龙，天花板上的透雕龙身突出板面竟达30厘米，雕工极其精细。上千条云龙和蟠龙混合着楠木的香气，使整个大殿呈现一片“万龙聚首，龙口喷香”的景象，充满神秘庄严的气氛。据统计仅隆恩殿就有木龙一千余条，加上东西配殿共有木龙两千余条。

道光帝陵原建于清东陵宝华峪，后因地宫漏水而拆毁西迁。传说一日道光帝在梦中忽见先期入葬的孝穆皇后在海中向他呼救，醒后担心皇后遗体遭受不测，便命大臣赴宝华峪察看，发现地宫浸水，皇后棺椁受潮。道光帝大怒，下令拆毁宝华峪陵寝，另在西陵龙泉峪建造新陵。道光帝认为地宫浸水系群龙钻穴喷水所致，故命臣工在慕陵隆恩殿的天花板上木雕群龙，使群龙不再在地宫吐水，而是聚首于殿内喷香。托梦之说当然纯系趣谈，但却说出了道光帝木雕群龙的个中原因，颇耐人玩味。而仅此一项木雕工程即耗费白银3万两，却又非一般人所能想像的。

清东陵菩陀峪定东陵是慈禧太后的陵寝。慈禧虽未称帝，但在同治、光绪朝内两度“垂帘听政”，权倾天下，

清定陵隆恩殿檐部

隆恩殿是陵寝祭祀的主要殿堂。定陵隆恩殿檐部两层黄色琉璃瓦金光闪闪，青绿色沥粉贴金彩画加强了檐下的深邃感。红框青底金字匾额增添了浓重的皇家气派。

实际执政长达48年。她的陵寝始建于同治十二年(1873年)，建成于光绪五年(1879年)，前后用了6年时间，耗银227万两。但光绪二十一年(1895年)，时值中日甲午战争次年，慈禧不顾割地赔款、国库空虚、全国大旱、民不聊生之国情，居然以年久失修为由，下令将其陵内隆恩殿及东西配殿全部拆除，重新修建。重建工程一直延续了14年，到她去世时始告完成。这次重建仅贴金一项就耗费黄金逾4590两。重建后的慈禧陵隆恩三殿，其豪华富丽不仅使相邻的慈安太后陵寝大为逊色，而且在明、清两代帝王陵寝中也是独一无二的。

慈禧陵三殿梁枋木架及门窗槅扇全部采用木质坚硬的名贵黄花梨木制作。殿内彩画做法与宫殿、帝陵中常用的和玺彩画迥然不同，它是在深褐色的原木上直接沥粉，用金叶贴成龙、云、幅、寿锦纹，使室内只呈金、褐两种色调，富丽而不多彩，豪华而不落俗。这种彩画在中国古建筑中是独一无二的孤例。三殿内外彩画中，有2400多条金龙，千姿百态，光彩夺目。三殿的内墙上还镶有30块雕花砖壁，凡凸起的花纹皆用赤金贴饰，衬底用黄金贴饰，赤黄二金交相辉映，浑然一体。清代帝陵隆恩殿内，一般只有中间四根明柱贴金；而慈禧陵三殿内外却有64根金柱，而且不只是一般贴金，而是用黄铜镏金做成立体镂刻的盘龙，龙头还嵌有用弹簧做成的龙须，能随风摆动。可惜这些巧夺天工、举世无双的金龙，已在多次盗墓活动中被匪徒们破坏无遗。

为了营建这些建筑物，不知靡费了多少人力和财力。以明长陵祾恩殿楠木柱为例，这种奇材佳木多产于四川、湖广、云贵、江西等地的深山密林之中，数百年才能长成。入山采木极其艰苦，采木人不仅要忍受寒暑饥渴的折磨，而且深山峡谷中毒蛇猛兽出没，瘴气弥漫，时有生命危险，往往有去无还。所以川人对采木有“入山一千，出山五百”之说，也常有领命采木的官员弃官逃走之事。大木采下后，难以运出山外，须待雨季山洪暴发，方可将木材冲出深山。然后编成木排沿长江、运河北上，通常须辗转两三年才能运抵北京，其中苦难绝非笔墨所能形容。

建造帝陵还需大量使用石材。诸如石象生、神功圣德碑、龟趺、五供祭台等都系采用巨型整石雕刻而成，重达数十吨。至于筑路、建桥、砌筑台基、建造地宫等所用石料更是不计其数。明、清两代帝陵所用石料多采自京西房山县和

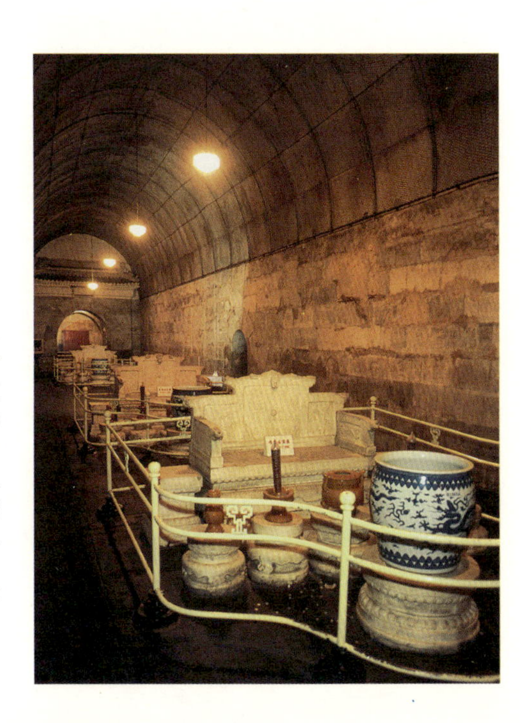

明定陵地宫中殿全景

定陵是明神宗朱翊钧的陵寝，建于万历十一年(1583年)。中殿是设置帝后神位的殿堂，放有三组祭器，每组设有石制宝座、石五供和供长明灯使用的大油缸。三组祭器原作“品”字形布置，今为便于参观者行走已改作直线排列。

京东蓟县。数十吨的巨石从产地运到陵区全靠人工畜力，要事先修桥铺路，沿途打井，到冬季在路上泼水成冰，再顺冰道将石料拉到工地。夏天则在路上铺麦秸。每天行程多则几里，遇洼地沟坡一天只能前进几丈。据记载，慈禧陵小碑楼的石碑重20吨，由126匹骡子牵引，费时73天才运到工地，仅开采和运输就耗银22000多两。明长陵神功圣德碑所用石料采自房山，长3丈、宽1丈、厚5尺，系调用民夫2万人，历时28天才运到陵区，耗银竟达11万两。如定陵的玄宫全部为石结构，地面上殿堂台基、栏杆、桥梁、沟渠等也均为石材。定陵用石除取自北京附近地区外，色彩绚丽的花斑石则采自河南浚县。远道选石已很艰难，且用石非色鲜质坚者不用，其营造之苦，可以想见。

陵内殿堂铺地所用“金砖”来自江苏苏州，砌筑墙垣的大型城砖则由山东临清烧制。陵寝工程对砖的要求十分严格，工部派有专人督办验收。如苏州烧制的金砖，除选土、练泥、澄浆、制坯等有特殊要求外，“入窑后要用糠草熏一月，片柴烧一月，棵柴烧一月，松枝柴烧四十天，凡百三十日而窨水出窑”。到铺墁时，工艺要求更为严格，须先砍磨加工，把每块砖从40斤磨到30斤，使之平滑如砥，以便铺墁时严丝合缝；成料的金砖还要浸在生桐油中历时数月才能取出铺墁。这样的砖铺在地上越磨越光亮，且香味浓郁芬芳，而其血汗和银两的耗费与真正的金砖也就所差无几了。

5. 神秘的殿堂

地宫就是墓室，是安放帝后棺椁的地方，位于封土正中的地层深处。由于帝陵地宫内放有帝后遗骨，还有殉葬的大量奇珍异宝，因而不只其结构坚固、用料考究远胜于一般建筑，而且其出入通道等构造详情向来是保密的。近几十年来，考古学家用科学的方法发掘了成都前蜀永陵(高祖王建陵)、北京明十三陵定陵(神宗朱翊钧陵)，清理了被盗的南京南唐二陵(烈宗李昪陵、元宗李璟陵)、丹阳南朝齐景帝修安陵、南京南朝陈宣帝显宁陵、大同北朝北魏文明太后永固陵、遵化清东陵裕陵(乾隆陵)、清东陵菩陀峪定东陵(慈禧陵)、易县清西陵崇陵(光绪陵)等，使我们弄清了一些帝陵地宫的情况，但大多数帝陵地宫情况，特别是汉、唐盛世时期的帝陵地宫，我们至今仍然所知甚少或一无所知。它真是一座神秘的殿堂。目前我们只能根据考古发掘的一般墓葬情况及建筑技术发展规律，大致推测早期帝陵地宫的构成。

中国的砖石结构技术发端于西汉晚期，当时开始生产专为砌墓用的大型空心画像砖，出现了用墓砖发券的砖结构墓室。东汉以后，砖石结构技术不断发展，砖石发券和叠涩砌筑的墓室和地面建筑日益增多。迄今为止对古代墓葬的考古发掘及现存古代建筑的情况都证明了这一点。因此，我们大体上可以推断，西汉以前的帝陵地宫多为木椁墓室；东汉以后的帝陵地宫则基本上是用石料砌筑的，有的以叠涩方式砌成穹隆状或藻井状顶部(如南唐二陵)，有的以石块砌成拱肋再铺石板形成拱形顶(如前蜀永陵)，也有用石块发券砌成拱顶，可能还有以梁柱和石板构成平顶的(已发掘的贵族墓有此做法)；明代以后石砌拱顶基本上就定型了。

采用大型木椁墓室是西汉以前帝陵地宫的特点。所谓“椁”是套在棺木外面的大棺，实际上就是木材构成的地宫。其形状像一个大套箱，上有大盖，箱内分成数格，中间放置棺木，两边和上下围绕的几个方格则是放置殉葬品的地方。豪华的木椁是一个相当复杂的木构建筑，多仿照宫殿和宅第构造，有墓门、中庭、后堂、回廊等，而且可以有多层，棺外套棺，椁外有椁，更有彩绘图案，十分华丽。

石砌地宫不但较之木椁墓室更为宏大和坚实，而且耐火耐腐蚀，不易损毁，所以一直沿用了一千多年。大型石砌地宫气势极为宏大，如明十三陵定陵地宫，完全按照“前朝后寝”的宫殿布局，设置前、中、后、左、右五个殿堂，面积达一千多平方米。清东陵裕陵地宫内更是刻满了佛经佛像，精美无比，堪称是一座石雕艺术的殿堂。

关于帝陵地宫，还有一个难解的谜，即秦始皇陵地宫的结构。杰出的史学家司马迁在《史记·秦始皇本纪》中对秦始皇陵地宫作过这样的记述：“穿三泉，下铜而致椁，宫观

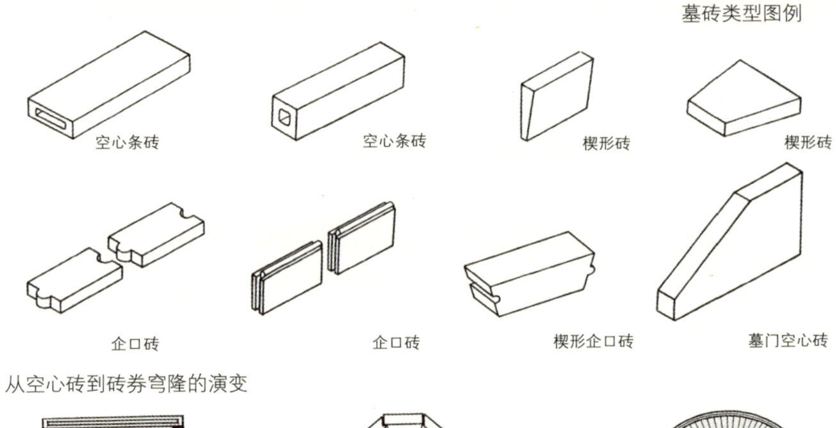

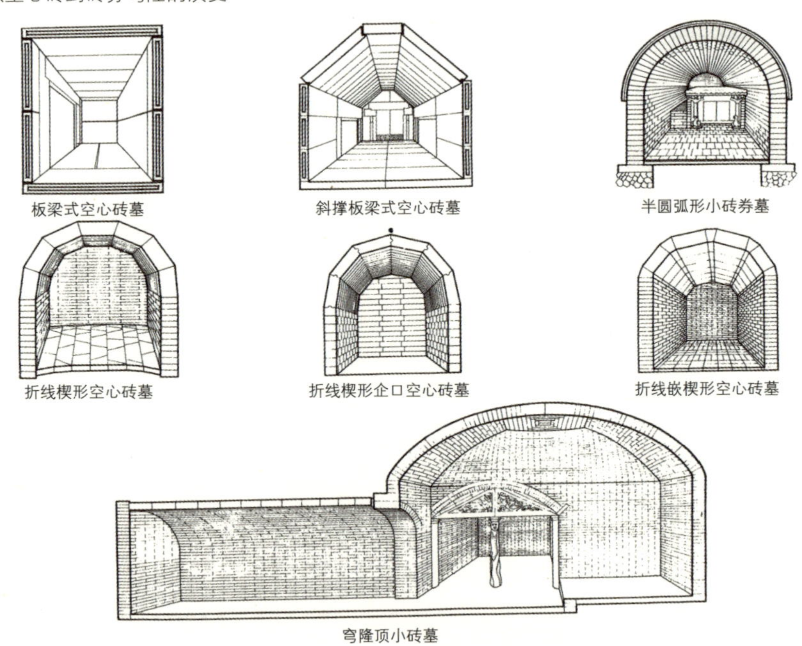

战国、两汉砖墓结构示意图

早期砖顶结构多见于砖墓。我国古代“事死如生”的观念，使人们对墓葬极为重视。砖以其耐腐、耐压等特点而在墓葬上长期被运用，因此砖顶结构技术也早在砖墓上出现，并在长期运用过程中有所创造与发展。

砖的种类除装饰性质的条砖外，还有方砖和空心砖。中国古代用砖始于战国时期，当时仅用于砌筒壳墓室。从战国、西汉到东汉，墓室结构由梁式的空心砖逐步发展为顶部用拱券和穹隆，解决了商朝以来大椁墓所不能解决的防腐和耐压问题。当时拱券除用普通条砖外，还用特制的楔形砖和企口砖。汉墓中已用砖砌穹隆，西汉明堂辟雍和王莽宗庙遗址中用方砖墁地。

砖顶结构在战国时是以梁板结构方式出现于空心砖墓的。当这种结构方式所使用的材料——空心砖，不能适应跨度增加的需要时，结构就逐步向拱的方向发展，至西汉出现了条砖顶的筒拱结构，拱结构的产生，是砖结构技术的必然发展。在砖拱结构的发展过程中，先后形成了两种拱结构体系，一种是以拱券为基础的筒拱结构，另一种是空间形态，即拱壳结构，如穹隆顶，其结构特点为周边支承。

百官奇器珍怪徙藏满之，令匠做机弩矢，有所穿近者辄射之。以水银为百川江河大海，机相灌输。上具天文，下具地理，以人鱼膏为烛，度不灭者久之。”用现代语言来解释就是：秦始皇陵地宫筑得很深，已经穿过了第三层地下水，故采用冶铜堵塞地下水的方法保护地宫棺椁；地宫模拟秦始皇生前居住的宫殿，并有大量文武百官陶俑、精美器具、珍贵动物等殉葬；入口处设有机械控制的弓箭，以射杀进入地宫的盗墓者；还将水银放入机械中，让其循环往复，以表现百川江河大海中流动的水；墓室顶部绘画或雕刻着日月星象图，地面则模拟秦统一中国后的地理概貌；地宫中点燃着用鲵鱼或鲸鱼油膏制成的蜡烛，且因油膏储量极大，可以点燃很长的时间。

司马迁是以严谨著称的历史学家，任汉朝宫廷太史令，所著《史记》具有相当的可靠性。从《史记》所述分析秦始皇陵地宫应是规模极大、宫室众多、入土极深、结构复杂的石砌穹隆顶殿堂。但是从目前考古资料看，尚未发现秦代采用砖石拱券技术的例子；已经开掘的秦始皇陵三个兵马俑坑，均系由木柱木梁构筑而成。究竟秦始皇陵地宫情况如何，我们只能期待着未来的考古学家们来揭开它的奥秘了。

珍奇的艺术宝库

帝王陵寝不但汇集了当时建筑艺术与技术的精粹，而且融雕塑、绘画、书法、工艺美术等诸多艺术于一体，成为一座保存众多艺术作品的宝库。当我们游览帝王陵寝(包括后陵与陪葬墓)时，面对琳琅满目的石雕、精美细巧的木雕、绚丽灿烂的壁画、慑人魂魄的陶俑、刚遒洒脱的碑文、美奂绝伦的珍奇工艺品，无异于参观一座珍贵的艺术博物馆。

1. 雕塑

众多的外国友人说：“来中国不来西安，等于没有来中国；来西安没有参观秦始皇兵马俑，等于没有来西安!”当你参观这一轰动全世界的考古史上罕见的发现，面对数以千计与真人大小相似的秦代兵马俑，看到那气吞山河、

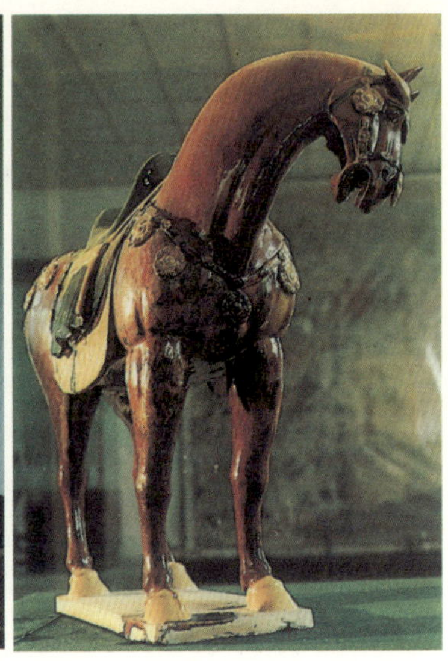

汉霍去病墓“马踏匈奴”像 / 左

霍去病墓是汉武帝茂陵的陪葬墓。墓前陈列中国现存最早的16件大型石雕艺术品。“马踏匈奴”像高1.68米，马下仰卧一个狼狈不堪作挣扎状的匈奴贵族。这件石雕比例正确，雕刻手法简洁有力。

唐懿德太子墓三彩陶马 / 右

懿德太子墓是乾陵陪葬墓。唐三彩是盛唐时期墓葬内出土的随葬品。因当时在此类器物外部经常施以黄、绿、赭三种彩釉，故名唐三彩。这匹三彩陶马造型栩栩如生，色泽鲜艳，是唐代雕塑艺术中的杰作。

威武雄壮的军阵，你会感到好像在检阅两千多年前秦国骁勇善战即将出关远征的百万雄兵。你的心灵无法不为之震撼。难怪它被视为“世界第八大奇迹”！

秦始皇兵马俑坑位于秦始皇陵东侧1.5公里处，发现于1974年。共发现三个俑坑，全部发掘后可出土木质战车125乘，陶马600余匹，武士俑7000余件。它们象征着保卫秦始皇陵的宿卫军。武士俑由弩步车马四个兵种和将军俑组成，神采各异。这些兵马俑造型生动，形象逼真，风格明快，手法洗练，不但反映了秦代雕塑技术已经具有相当高的水准，为中国雕塑艺术史增添了夺目的光彩，而且否定了中国没有雕塑传统，直到东汉佛教传入以后才从雕佛开始的观点。

除秦始皇兵马俑之外，我国考古学家还在陕西省咸阳汉景帝阳陵陵园内发现了规模宏大的从葬陶俑群。从已探明的11座俑坑面积和已发掘俑坑陶俑分布密度推算，埋藏陶俑总数可达四万件左右，相当于秦始皇兵马俑数的5倍以上。由于考古发掘工作尚未大规模展开，详情有待进一步发掘考证。但它将为中国雕塑艺术史增加光辉灿烂的一页，则是可以预料的。

驰名中外的唐三彩，是唐代具有独特风格的一种雕塑工艺品。它是用高岭土塑成各种人物、动物和器皿，在陶窑内烧制而成。因在器物外部施以黄、绿、赭三种彩釉，故名“唐三彩”。其人物、动物造型生动逼真，生活气息浓郁，釉彩色泽艳丽，是唐代雕塑艺术的杰作。而这种杰出的艺术品正是盛唐时期墓葬内出土的一种随葬物。迄今，博物馆内收藏及展出的唐三彩真品，主要出土于太宗昭陵的陪葬墓以及高宗武则天乾陵的陪葬墓。

石雕是帝王陵寝中数量最多、题材最多、技法最为成熟、艺术价值最高的一类艺术品。可以说，一部中国石雕艺术史，半部在石窟，半部在陵寝。陵寝石雕主要包括石人、石兽、华表、望柱，以及石牌坊、须弥座、栏板及柱头、丹陛石、地宫等处的石雕作品。

早期的陵寝石雕形制较为简单，留存数量也不多。其中最著名、也是现存最古老的石雕，是汉武帝茂陵的陪葬墓霍去病墓前的16件石兽和“马踏匈奴”像。霍去病为西汉大将，在对匈奴的征战中攻无不克，威震遐迩，深受武帝器重，死后陪葬于茂陵东侧。其墓封土成祁连山状，墓上广植林木，布以石兽，意在再现祁连战场野兽出没的景象。所雕石兽充分利用山石的自然形态，略加雕琢求其神似，远望似未加雕饰，近看则神态十足，形象虽极古拙，然又极具现代艺术之真趣。其技艺之纯熟，构思之精巧，令人叹服！

南朝帝陵前的石兽和神道石柱也是早期石雕艺术中颇

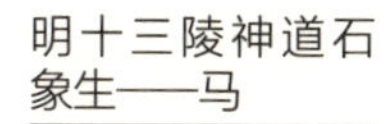
明十三陵神道石象生——马

明十三陵神道上设有18对石象生，于宣宗宣德十年(1435年)整修长陵时雕凿的。石马有两对，一对卧马，一对立马。卧马通高1.9米，立马高2.2米。

具代表性的实例。其时西亚和印度石雕造像技术已随佛教传入我国，石雕造型水准及技法均有发展。因而南朝石兽体型饱满，线条流畅，既威武雄壮，又极具生气；神道石柱则比例匀称，造型优美。这些都是我国早期石雕艺术中的珍品。石兽的夸张造型及其背部的飞翼，以及石柱柱身上的凹槽，均带有波斯、罗马石雕艺术的痕迹，显现中西文化交流的影响。

中期的唐、宋陵寝石雕较之前期有了很大发展，不仅数量大增，题材广泛，而且技艺越趋精湛，刀法简洁洗练，形象雄伟壮伟，气势博大，富于实感，说明唐、宋雕工具有相当高的技巧和魄力。唐、宋帝陵石雕数量之多难以确计，仅唐乾陵地面石雕即达124件；北宋七帝八陵地面石雕逾千件，虽累经破坏散失，至今尚存七百余件。题材之广亦属空前，除石人、石马外，还有狮、象、龙、龟、虎、羊、犀牛、翼马、鸵鸟、甪端、宾王、客使等。其中乾陵前的60尊宾王(番臣)像反映了当时各少数民族首领获得唐代宫廷的高官厚禄、参与唐代军政统治的情况，并反映了唐代多民族统一国家的政治生活，及各民族封建结合的历史。明人刘伯温对此曾有诗曰："番王俨侍立层层，天马排行势欲腾。自是登临多好景，岐山望足看昭陵。"唐陵的犀牛、鸵鸟和宋

明十三陵神道石象生——狮子

神道上石象生群最前列有蹲狮、立狮各一对。蹲狮通高1.88米，立狮高1.93米。精细的雕工刻出雄壮庄严的气势，它们是石象生中的佳作。

清泰陵大红门前石兽

泰陵是清西陵中规模最大的帝陵。泰陵大红门前蹲坐着两头巨大的石兽，高1.85米，其状威风凛凛，造型生动而夸张。石兽名麒麟，是神话中的独角兽。门前设此石兽，意在避邪，并以其忠诚而护卫帝陵。

陵的客使(外国使者)石像则反映了唐、宋时期中外友好往来的史实。石犀原立于三原县唐高祖献陵前，现存陕西省博物馆。它躯体硕壮，重达10吨，比例准确，形象生动。汉、唐史书都记载有外国向中国赠送活犀的史实。这头石犀的右前足底板上刻有“□祖怀□之德”字样(应为“高祖怀远之德”)，因而是一件中外友好往来的纪念物。鸵鸟始见于唐乾陵。新、旧“唐书”都记载高宗时期吐火罗(今阿富汗)曾向我国赠送鸵鸟，故乾陵把石雕鸵鸟当作仪仗装饰之一。此后唐代各陵均模拟乾陵雕有鸵鸟，以象征吉祥和友谊。

中期陵寝石雕中最杰出的实例无疑是唐太宗“昭陵六骏”。太宗为巩固初建的唐王朝政权，统一割据局面，曾南征北战，驰骋疆场。他骑过的六匹马曾随太宗冲锋陷阵，累建奇功，每匹马都有一段可歌可泣的征战经历。贞观十年(636年)长孙皇后首葬昭陵时，太宗诏令雕刻六骏置于陵山北麓的祭坛内以志纪念。六骏由当时的工部尚书、营山陵使、著名工艺家阎立德和美术家阎立本设计图样。石马采用平面高浮雕手法雕镌而成，每匹马姿态不同，性格迥异，雕工精湛，栩栩如生，是唐代石雕艺术作品中最珍贵的精品。六骏各有其名：“白蹄乌、“特勒骠”、“飒露紫”、“青骓”、“什伐赤”、“拳毛锅”。原石雕中均有马的名称及太宗所题的赞马诗。“飒露紫”是六骏中惟一伴有人像的石马。据《唐书·邱行恭传》记载，太宗在平定东都洛阳时在邙山与王世

清菩陀峪定东陵隆恩殿丹陛石

隆恩殿是安放慈禧的神主和举行祭祀活动的地方。殿前丹陛石上布满图案，系采用高浮雕加透雕的刀法雕成。周边雕缠枝莲花。中心为“凤引龙”，丹凤展翅凌云飞翔于上空，蛟龙曲身出水升腾于下方。属于晚清石雕中的上品。

充交战，随从的骑兵均失散，惟有邱行恭一人紧随太宗拼死护驾。突然间王世充追来，一箭射中太宗所骑的飒露紫。邱行恭回身张弓，箭不虚发，敌不敢进。此时邱行恭立刻下马将飒露紫身上的箭拔出，并把自己的坐骑让给太宗，然后又徒步冲杀突围而归。太宗为表彰邱行恭的战功，特命将拔箭的情形刻进昭陵石屏上。可惜这批艺术珍品，早年遭到破坏，“飒露紫”、“拳毛騧”于1914年被盗运到国外，现存美国宾夕法尼亚大学博物馆；其余四件由于盗运密谋败露而被追回，现存陕西省博物馆。在盗运时，四匹石马均被打碎成数块，马身上原刻有被射中的箭已模糊不清，马名和赞马诗也看不到了。

一千多年来，许多文人曾为六骏咏诗作文，其中明人王云凤的《题六骏》诗最为脍炙人口：“秦王铁骑取天下，六骏功高书亦优。却笑白头阎立本，何曾解画一睢鸠。”民间流传的六骏故事也不少。唐代即已流传这样一个神话：安史之乱时，唐将哥舒翰率军与叛将崔乾祐在潼关会战，唐军大败，突然，有数百队黄旗军飞驰而来，与叛将白旗军进行恶战，叛军仓皇溃败，崔乾祐落荒而逃。未几，黄旗军焉然消失，不知所去。后来，看守昭陵的官员向朝廷报告，说在潼关会战的那天，陵前的石人石马出了一身大汗。这个神话意在宣扬太宗的威灵长存，一直在保佑他的子孙，但是编得十分有趣，颇为民间喜闻乐道。

晚期的明、清陵寝石雕出现了两种趋向：一是就石象生而言，规制与题材已经定型，雕刻技法则渐趋细腻。故明代石象生造型生动，体态圆浑硕大，线条流畅，颇具唐、宋遗风，有相当高的艺术价值。而清代石象生越到后期，风格越趋繁琐和僵硬，走向程式化，艺术水准有所降低。二是石雕大量施用于建筑构件上，出现了许多难得的优秀作品，为以往少见的。此期最精彩的石雕作品是：明孝陵和明长陵的石象生；明、清帝陵前的五座石牌坊；清东陵裕陵地宫石雕；清东陵菩陀峪定东陵隆恩殿前的丹陛石雕。

裕陵地宫为拱券式石结构建筑，从壁面到券顶满布佛像和佛经，精美绝伦，可谓是一座石雕艺术的宝库。其中门洞两壁的四大天王坐像，各持琵琶、宝剑、宝塔、宝伞等法器，威风凛凛地守护着宫门，神态逼真，雕刻精细；门扇上的八个菩萨立像，头戴莲瓣佛冠，肩披飞舞长巾，下着羊肠大裙，身佩垂珠菊花，双手掐西番莲，赤脚立于芙蓉之上，恬静温纯，优美动人，堪称是浮雕式的东方维纳斯。它们都是陵寝石雕中罕见的精品。地宫四壁的经文计有梵文字647

清菩陀峪定东陵隆恩殿栏杆拦板

一般的龙凤图案多作龙凤相对而舞，但在慈禧隆恩殿的栏杆拦板上，则为“凤引龙”。图案虽颇别致，却为慈禧无限权欲的真实写照。

唐章怀太子墓壁画《马球图》

章怀太子墓是乾陵陪葬墓之一。马球运动在唐代贵族中十分流行。这幅壁画上有二十多个骑马人，均左手执缰，右手执偃月形鞠杖，策马奔驰于球场，奋力争球，生动地再现紧张激烈的竞赛场面。

个，藏文字29464个，字体端庄敦肃，刚劲挺拔，布局严谨，具有强烈的艺术感染力。

慈禧陵隆恩殿前的丹陛石系用高浮雕加透雕手法雕制而成，这在丹陛石中是不多见的。石心图案为凤引龙，上半部丹凤展翅凌空，下半部蛟龙曲身出水，“凤引龙追”飞翔舞动于彩云之中，极为生动。有趣的是，在慈禧陵内不仅丹陛石，而且所有栏板、望柱、须弥座束腰上的石雕都是“凤引龙追”，打破了龙凤相间的惯用格式。这种做法恰好淋漓尽致地表达了慈禧凌驾于两代皇帝之上的权欲思想。

木雕多施用于建筑的内外装修，随建筑而存亡，甚至比建筑毁损得更快。清陵隆恩殿的暖阁中，当初都有神龛仙楼，都是高浮雕加透雕手法镂制而成，雕凿精细，图案巧妙，具有很高的艺术性。可惜这些木雕作品绝大部分已毁失。所幸极为精彩的清西陵慕陵隆恩殿木雕天花保存得相当完好。数以千计栩栩如生的木龙足令观赏者击掌惊叹!

2. 壁画

壁画艺术在我国具有悠久的历史和传统。秦始皇陵地宫中“上具天文”大概就是指墓室顶部的天象壁画。根据常情推测，陵寝地面建筑中的壁画，应该比地宫中的壁画多。如据宋人所记，当年成都前蜀高祖永陵地面佛宫内即有壁画百墙之多，可见其规模和数量都是相当惊人的。可惜，壁画同木雕一样随建筑而存亡，大多数的壁画现已湮没无存，只有地宫内的部分壁画尚保存至今。不过，据此我们也足以领略我国古代壁画艺术的绚丽面貌和精湛技法。

现存最早的陵寝壁画是江苏丹阳南朝齐景帝修安陵地宫壁画。该陵虽曾被盗，遭严重破坏，但地宫壁画仍清晰可见。墓内共有《羽人戏虎》、《骑马武士》、《执戟卫士》、《持扇侍从》、《竹林七贤》壁画五幅。其中《羽人戏虎》画幅最大、保存最好。画中羽人双手执帚，面对猛虎作舞蹈状，虎则昂首翘尾，四足奔腾。它反映出当时人们崇尚玄学、幻想死后升天成仙的思想。

唐代是壁画的鼎盛期，其繁荣局面前所未有，无论宫殿、寺庙、石窟、陵寝，无处不有壁画。这些壁画多以民间和贵族生活为题材，真实而生动地再现了当时的社会风貌，也体现了唐代绘画的现实主义特色和健康上进的艺术风格。唐代陵寝壁画中最精彩的首推乾陵陪葬墓章怀太子墓、永泰公主墓、懿德太子墓壁画。三座墓共出土壁画一百多幅，多方面反映了盛唐年间多彩多姿的社会生活景象。

章怀太子墓中的《马球图》和《狩猎出行图》是唐墓壁

唐章怀太子墓壁画《狩猎出行图》

唐代贵族风行狩猎，这幅壁画描绘一支由五十余人组成的狩猎队伍出行的场景，他们策马奔驰，浩浩荡荡，生动地显示出太子狩猎出行的威风和气势。

画中的精品。马球是古代由波斯传入我国的一项体育运动，在唐代贵族中盛行。唐玄宗李隆基就是一位马球运动的高手。《马球图》通过四蹄腾空的马匹，奋力争球的人物，真实地表现了马球运动激烈紧张的场面。《狩猎出行图》描绘了一支由五十多个骑马人组成的狩猎队伍，浩浩荡荡出行狩猎，反映了太子出行的壮观场面。

永泰公主墓是高宗孙女永泰公主夫妇的墓，位于乾陵东南1.2公里。墓的地下部分总长87.5米，纵贯南北的轴线上依次为斜坡向下的墓道、砖砌的甬道和前后两个墓室。主要墓室(后室)位于夯土台正下方，深16米，墓道两壁绘有龙、虎、阙楼和两列仪仗队；甬道的顶部绘宝相花平棋图案及云鹤图。前后墓室绘有极精美的人物题材之壁画，而墓室穹隆顶上绘天象图。《侍女图》为墓中壁画的精品，它描绘两组侍女各执玉盘、烛台、香炉、围扇等物徐徐行进；16名宫女动态各异，但皆娴静优雅，传达了公主寝宫中那种静谧、安恬的气氛，展现盛唐时期宫廷生活的一隅。

懿德太子墓壁画《仪仗图》则表现了太子上朝时的仪仗场面，画面色彩绝丽，线条工整，人马肃立，旗幡飘扬，充满了雄浑的气势，激荡着高昂的音调。其他如《鹰犬图》、《执扇宫女图》、《观鸟扑蝉图》、《客使图》等，均是栩栩如生具有强烈真实感的艺术珍品。

3. 书法

书法是我国一种独特的艺术。古代书法常用碑刻形式留存于世。故帝陵(及陪葬墓)前的碑刻和墓室内的墓志，成了保存历代书法艺术的重要文物；同时它们对研究历代政治、军事、经济、文化的发展也具有重要价值。如果将许多墓碑和墓志集合在一起，就能形成一部洋洋大观的书法艺术宝典，同时也可成为一部简明的历史书。碑、志文字当然是对墓主人的歌功颂德，不乏溢美之词，但它们紧密联系着当时政治、军事重大事件，无疑是研究历史的宝贵资料。例如，清东陵景陵圣德神功碑，碑文长达五千余字，为雍正帝亲笔所撰；清西陵泰陵圣德神功碑，碑文近五千字，为乾隆帝亲笔所写。其碑文不但反映了康、雍两朝书法风格，而且记录了康、雍两帝的“圣德神功”，确实是研究清史的好材料。

唐代的书法艺术在我国古代文化艺术宝库中占有重要的地位。唐代书法家人才辈出，因而从艺术角度讲，唐代的墓碑是极为可贵的，其中尤以昭陵为最。唐太宗昭陵陪葬墓众多，墓碑数量也颇可观，据宋代金石学家统计，约有八十多通。现存昭陵博物馆的墓碑有四十多通，另有墓志二十多合，可算是一座小型的碑林了。昭陵的碑刻多用楷书，也有隶书、篆书和行草。现存碑石中有初唐书法名家欧阳询书的温彦博碑，褚遂良书的房玄龄碑，还有王知敬书的李靖碑，殷仲容书的马周碑等。这些碑石的书法艺术前人早有定论，足可代表初唐书法艺术的风格和水准。近些年又出土了若干前人从未著录过的新碑，有的秀婉绰约，有的古朴遒劲，有的丰腴敦厚，有的洒脱流畅，都有独特风格。昭陵碑刻显示出初唐书法艺术绚丽灿烂的景象。

此外，帝陵地宫内还随葬有大量精美绝伦的工艺美术品，如金银器、铜锡器、首饰和佩饰、玉器、瓷器、丝织品、漆器、琉璃器等。这些物品反映了我国古代手工艺的高度艺术成就和制作水准，反映了古代工匠的聪明智慧。至于殉葬的奇珍异宝、珍珠玛瑙等更是无以计数。明神宗定陵即出土各类器物两千多件，丝织品尤其引人注目，不仅数量大，而且花色品种齐全，多达644件，堪称一座地下丝织宝库。地宫出土品中不乏工艺美术珍品，它们不仅提供了历史研究资料，更丰富了中国工艺美术史。

陵寝的单体建筑与总体布局

——展现多彩多姿与气势宏伟之建筑风貌

以严谨的建筑总体布局将众多的单体建筑组合成完整壮丽的建筑群体，是中国古建筑的一大特点。帝王陵寝建筑总体布局的艺术气势尤为壮观，明十三陵、清东陵、清西陵等即为其中著名范例。中国古建筑的另一特点为单体建筑具有极其丰富生动的形象，多以强烈的色彩作装饰，同时结合木架结构设置精美的内、外檐装修。帝王陵寝中众多的单体建筑，以其多姿多彩的艺术形象和瑰丽奇特的色彩效果，展示这项建筑特点。

秦始皇陵

秦始皇陵位于陕西省临潼县城东5公里的骊山北麓。南枕草木葱茏的骊山，北临流水潺潺的渭河，景色优美，原野平阔。高大的秦始皇陵矗立于山川之间，景象雄伟而壮美。

秦始皇是我国古代颇有作为的一个帝王。他通过政治手段和武力征服，使“六王毕，四海一”，建立中国历史上第一个统一的中央集权制国家，并推行一系列有利于政治、经济发展的措施。但是他又是一个罕见的暴君，为了一己的奢欲，不惜耗尽人力物力，修筑豪华极致的宫殿、陵寝，给百姓

秦始皇陵兵马俑 / 左

秦始皇陵兵马俑坑迄今共发现三个。最大的一号俑坑发现于1974年3月。坑中数以千计与真人同等大小的兵马俑排成严整的军阵，象征着保卫秦始皇陵的宿卫军，气势磅礴，慑人魂魄。这些宏伟精湛的地下大军，被誉为世界第八大奇迹。

秦始皇陵铜车马 / 右

1980年12月在秦始皇陵封土西侧20米处出土了两乘大型彩绘铜车马，每乘均有四匹驾车骏马及一名御手，造型十分生动。系仿照秦始皇出巡时乘坐的辒辌车制作的。铜车马的冶金铸造和组装加工工艺水准相当高。

带来无穷灾难。他13岁(前246年)即王位，22岁亲政，37岁统一全国称皇帝。据《史记》记载："始皇初即位，穿治骊山，及并天下，天下徒送诣七十余万人，穿三泉……"说明秦始皇即位后不久就开始营造陵寝，其陵原名骊山；统一天下后，又从全国征集七十余万人筑陵，直至秦始皇50岁(前210年)去世时尚未竣工，前后费时37年。秦始皇陵的宏大规模及筑陵所耗人力和时间，均系世界陵墓之最。

秦始皇陵封土原高约120米，经两千余年风雨剥蚀，今高仍达64米。陵园布局仿秦都咸阳城，有内外两重城墙，成回字形布局。封土坐落在内城南部，象征着都城内的咸阳宫。内城北部设寝殿和便殿，为祭礼的场所，殿中备有墓主的牌位、衣冠和用具、"宫人随鼓漏，理被枕，具盥水，陈严具"。殿宇建筑十分豪华壮观，惜今俱无存。陵园内还有车马坑、马厩坑、珍禽异兽坑等，近来累有文物出土。1980年出土的两乘铜车马，是我国考古史上迄今发现的时代最早、体型最大、保存最好的铜车马。其大小约为真车真马的一半，造型逼真，装饰华丽，是极为珍贵的青铜艺术品。

秦始皇陵地宫情况，《史记》已有记载。唐代诗人王维在其《过秦皇墓》诗中又用艺术的语言描绘了秦陵地宫的景象："古墓成苍岭，幽宫象紫台。星辰七曜隔，河汉九泉开。有海人宁渡？无春雁不回。更闻松韵切，疑是大夫哀。"诗的意思是：秦始皇陵像高山郁郁葱葱，地下宫殿犹如那人间皇宫。日月星辰都被隔绝到墓中，天上银河沉入九泉下流动。墓中有大海却无渔船蓑翁，墓中无春天焉有大雁行空。忽听陵上松树在悚悚抖动，仿佛它也在抒发无穷悲痛。诗中"大夫"一词系指松树。史书记载，秦始皇登泰山忽逢大雨，便躲在松树下暂息，后封此树为五大夫。后人遂以"五大夫"作为松树的代称。

秦始皇陵这一伟大工程，在秦末的战火中惨遭严重破坏。项羽入关把豪华壮丽的阿房、咸阳两宫及秦始皇陵地面建筑付之一炬。大批社会财富和物质文化惨遭浩劫。某些史书上还有东晋十六国时期后赵石虎、唐末五代时期黄巢、温韬等人相继掘陵之记载。只是地宫是否已被开启有待考证。可叹一代专制国君，"生则张良椎之荆轲刀，死则黄巢掘之项羽烧"。惟有那陵上茂盛的石榴树和柿子树，年复一年始终是那样生机盎然，累累果实艳红似火，迎接着来自世界各地的游客。

1974年后，考古学家相继在陵东1.5公里处发掘了三座兵马俑坑，南一北二，呈倒品字形布局，象征着保卫秦始皇陵的宿卫军。南面的一号坑最大，平面呈矩形，东西长230米，南北宽62米。坑内放满陶质武士俑和车马俑，排列成38路纵队，前后左右各有横队，组成前锋、后卫、侧翼，军阵严整森然，大有压倒泰山之威势。二号坑较小，约6000平方米，平面呈曲尺形。坑内陶俑是一个由步、弩、车、骑四个兵种混编的队列，反映了诸兵种混合操练的情况。三号坑最小，约500平方米，呈凹字形。坑内有华盖乘车和侍卫俑，可能是统帅一、二号坑兵阵的指挥部。这些兵马俑生动地再现了秦国军队训练有素、兵强马壮的情景，也使人联想起秦始皇带兵百万，横扫六国，北却匈奴，南平百越的丰功伟业。

汉武帝茂陵

茂陵位于陕西省兴平县东北9公里的渭北高原西端。它是西汉诸帝陵中最突出的一座。《关中胜迹图志》说："汉诸陵皆高十二丈，方一百二十步，惟茂陵高十四丈，方一百四十步。"今实测，方上高46.5米，底边长240米，与记载基本相符。陵上松柏苍翠郁郁葱葱，陵前有清乾隆年间陕西巡抚毕沅所立"汉武帝茂陵"石碑一通，碑文苍劲有力，端庄浑厚，与高大的陵冢风格协调，浑然一体。

汉武帝是我国古代一位颇具雄才大略的帝王。他在位54年，与康熙、乾隆同属统治时间最长的皇帝。他在位期间，在政治、经济、军事等方面采取了许多重要措施，如独尊儒术、削弱封藩、加强集权、官办盐铁、兴修水利、发展农业、北征匈奴、南平诸夷，还派人出使西域，促进了中国和中亚各国的经济和文化交流。但武帝在筑陵上的奢侈糜费却不逊于秦始皇。他的陵寝营建长达53年，规模之大，建筑之豪华，远胜于其他汉陵。

茂陵陵园呈正方形，周围有土筑墙垣，每边长四百余米，墙垣四周建有门阙，今东、西、北三个门阙遗址仍清晰可见。陵园内建有祭祀用的寝殿、便殿等建筑物，还有宫女、守陵人员居住的房屋，当时侍奉陵园的人多达5000。陵园周围有二十余座陪葬墓，多系武帝年间的功臣、名将、

汉茂陵

茂陵是汉武帝刘彻的陵寝，建于汉武帝建元二年至昭帝始元元年(公元前139—前86年)，是汉代帝陵中的代表作。陵园四周有方形城垣围绕，每边长400米。中央为平顶方锥形封土，封土高46.5米。陵园周围有二十多座陪葬墓。

汉霍去病墓石雕牯牛

霍去病墓是茂陵陪葬墓，现已辟为茂陵博物馆。墓上散布石兽16件，象征祁连山战场野兽出没的景象。石雕按石头的自然形状稍加雕凿而成，风格古拙凝重。石牛作跪卧状，长2.6米，宽1.6米。雕刻家用极为简练的刀法雕出石牛安详可爱的神态。

外戚、后妃的墓冢。其中较大的有霍去病、卫青、金日磾、霍光、上官杰、李夫人等墓。方上之下的墓室是一个规模宏大，极为豪华的多层木构梓宫。墓室高约一丈七尺，方约一百步，内部除梓棺外还充满稀世珍宝，随葬物达190种。史载，武帝口含蝉玉片，身着金镂玉衣入殡。金镂玉衣是用金线将数百玉片连缀成铠甲状的衣服，玉片上“皆镂以蛟龙弯凤龟麟之象，世谓之蛟龙玉匣”。

茂陵曾多次被盗。武帝入葬后四年，随葬的玉箱、玉杖等就已流散于民间。西汉末年赤眉军攻入长安，曾“破茂陵取物，犹不能尽”。唐末黄巢亦掘茂陵，大量珍宝文物几已散失殆尽。近年在茂陵周围出土的“铜漏壶”、“犀牛尊”、“镏金马”等，疑是当年地宫所藏，系劫后余生、掠万漏一的珍贵文物。

茂陵以东1公里处的陪葬墓霍去病墓前，存有我国最早的大型石雕艺术品，艺风古拙，独具一格。今此地已辟为茂陵博物馆，中外游客络绎不绝。石雕计16件，其中“马踏匈奴”最为著名。马高1.68米，与真马相近，马首昂扬，威风凛凛，马下仰卧着一个入侵战败犹作挣扎状的匈奴贵族，面目狰狞，狼狈不堪。这件石雕比例准确，雕刻手法简洁有力，表现出霍去病抗击匈奴的英勇气概与赫赫战功。其他石雕有：跃马、卧马、牯牛、伏虎、野猪、蟾、鱼(两件)、卧象、蛙、怪兽吃羊、人熊搏斗、石人，还有两块刻字巨石。这些石雕形象生动传神，古朴苍劲，都是文物中的瑰宝。

南朝帝陵

两晋南北朝三百余年是汉、唐两个大统一时期的过渡阶段。这一时期，国家四分五裂，政权更替频繁，战乱迭起，经济凋敝，民不聊生，佛教大兴，薄葬乃至潜葬成了当时丧葬的主要倾向，帝王亦然。因而这一时期帝王陵寝几无可述。惟南朝宋、齐、梁、陈四代偏安江南一角，社会经济相对超过北方。反映在帝王陵寝上表现为布局规整、地面建筑与地宫均有一定规模，特别是陵前普遍设有石兽、石柱、石碑，其造型设计和雕刻手法在汉代雕塑艺术传统的基础上进入更成熟的阶段，具有较高的艺术价值，在我国雕塑史上占有光辉的一页。

南朝四代共延续一百六十余年，有27位帝王。帝陵绝大部分集中在江苏省的南京和丹阳两地，但地面建筑已悉数毁圮，有的甚至连陵前石雕也湮没土中，已无迹可寻。目前尚有遗迹可考的帝陵共十三处，计宋帝陵三处(南京)，齐帝陵

南朝萧景墓石狮

萧景墓位于南京市郊甘家巷。萧景墓前原有石狮一对，现仅存东狮一件。石狮身长3.8米，高3.5米，体形肥壮，突胸耸腰，头部上仰并作伸舌状，造型雄骏而矫健，极富生气。

南朝萧景墓神道石柱

萧景墓前的神道石柱是南朝所有帝陵及宗室王侯墓中保存得最完好的神道石柱。石柱是南朝陵墓中极富特点的石雕作品。整根石柱造型独特，比例匀称，予人亭亭玉立之感。

五处(丹阳)，梁帝陵两处(丹阳)，陈帝陵三处(南京)。此外，墓前石雕保存得比较好的还有梁代宗室王公墓多处。

南朝帝陵具有下列几个特点：(1)陵墓依山而筑，一般在山坡上开凿规整的长方形墓室，然后填土堆成高度不大的坟丘。墓室为砖砌拱券顶，前建甬道，设两重石门。(2)选址注重风水，“背倚山峰，面临平原”，故陵园方向无一定规律，视当地山水形势而定。(3)在陵前平地设置享堂和不长的神道，神道两侧对称布置石雕。

南朝帝陵石雕制度通常是三种六件，即石兽一对(左天禄——双角兽，右麒麟——独角兽)，神道石柱一对，石碑一对。王公墓前石雕制度与帝陵无大差别，惟石兽改成石狮。天禄与麒麟都是传说中的灵异瑞兽，陵前置此二兽，寓意皇帝受命于天，象征皇帝至高无上的权威和尊严。狮子为人间猛兽、百兽之王，故置于王公墓前，以示其地位之显赫。

现存石雕中以石兽数量最多，也最能代表南朝帝陵特色。无论天禄、麒麟或狮子，都用整块巨石雕成，形体硕大，气势非凡，刀法洗练，造型夸张而生动，注重形体美，轮廓线富有力度，予人深刻印象。这些石兽的风格已完全不同于西汉石兽的古朴与凝重，而是呈现出一种矫健灵活的态势，极富生气。神道石柱是南朝帝陵前特具装饰性的一种石雕圆柱。它与一般石柱不同，柱身上部雕有矩形石额一方，额上刻有文字；柱身顶部为一仰莲形圆盖，上有石兽一头；柱身表面刻有凹槽。这种石柱比例匀称，造型别致可爱，为他处所未见，极具特点。可惜大部分石柱均已缺损，只有梁宗室王公萧景墓、萧绩墓前的石柱还保存完好，殊为珍贵。从石兽的夸张造型和富有力度的轮廓，以及石柱的仰莲纹饰和柱身凹槽中，我们还可隐约发现南亚、西亚雕塑艺术和罗马建筑文化的痕迹，它显示了汉代以来东西方文化交流的发展。

唐太宗昭陵

昭陵位于陕西省礼泉县东22公里的九嵕山。九嵕山山势突兀，海拔一千一百余米，北控泾河，南望渭水，层峦起伏，气势磅礴。太宗在此凿山建陵，开创了唐代帝王因山为陵的制度。陵寝居高临下，167座陪葬墓分列两侧，衬托出帝王至高无上的威严气概。昭陵始建于贞观十年(636年)，完工于贞观二十三年。陵区周围60公里，面积30万亩，占地之广为历代帝陵之最。陵内广植松柏杨槐，曾有“柏城”之称。唐人有诗曰：“原分山势入空塞，地匝松阴出晚寒。”生动地描绘了陵园高峻葱郁的景色。

昭陵陵山有垣墙围绕，城墙正中各开有门。北司马门内原置有贞观时期14个少数民族首领的石雕像，它们象征贞观年间众多番王归顺唐王朝并向太宗朝圣的情形，这些雕像体高8尺，座高3尺，精美而壮观，可惜今已悉数被毁，仅存少数石像座。北司马门内的东西两廊原立有驰名中外的昭陵六骏石雕。早年六骏惨遭盗卖，其中二骏至今流落海外，四骏幸被追回。昭陵的主要地面建筑围绕陵山布置，北有祭坛，南有献殿，均是举行重大祭祀活动的场所，惜今已不存。寝宫在垣墙西南，离陵山18里，是日常供奉太宗牌位的场所，也是守陵官员居住的地方。这里原有大片房屋，现亦湮灭无存。

昭陵玄宫凿建于九嵕山南坡山腰间。史书记载，从埏道至墓室深75丈(约230米)，前后安置五道石门，墓内“闲丽

唐乾陵石马

乾陵神道两侧设置大量石雕，其中有石马5对。石马高1.8米，长2.45米，均有镫、鞍、笼头等雕饰。马侧牵马人一尊，高1.4米，穿武士袍。石雕雕工精细，线条清晰，神态生动，显示盛唐时期石雕艺术的特点。

不异人间，中为正寝，东西两厢列石床，床上石函中为铁匣，悉藏前世图书”。举世闻名的东晋大书法家王羲之的《兰亭集序》真迹，就藏在铁匣之中。墓门外沿山腰还建有房舍游殿，以便“宫人供养”。因山势陡峭，来往不便，又顺山边架设栈道，悬绝百仞，绕山230步，始达墓门。

昭陵的陪葬墓多达167座，其中文武功臣陪葬墓远超皇族。著名的功臣陪葬墓有侍中魏征墓、司空太子太傅李绩(徐懋公)墓(今已辟作昭陵博物馆，昭陵出土文物均陈列于此)、尚书右仆射李靖墓、中书令温彦博墓、尚书左仆射房玄龄墓、左卫大将军程咬金墓等。墓前分别立有太宗、高宗、欧阳询、褚遂良、王知敬等人书写的碑文，都是初唐书法的精品，具有很高的艺术价值。

唐高宗、武则天乾陵

乾陵是唐高宗李治和女皇武则天的合葬墓，位于陕西省乾县以北6公里的梁山上。梁山海拔一千余米，山势峥嵘，松柏青翠，亦有“柏城”之称。白居易曾有诗曰：“陵上有老柏，柯叶寒苍苍。朝为风烟树，暮为燕寝床。以其多奇文，宜升君子堂。刮削露节目，拂拭生辉光。”描写了乾陵柏树的奇状。山有三峰，北峰最高，即为乾陵主体；北峰南一华里为东西对峙的南峰，形成了乾陵的天然门阙。整个乾陵坐北朝南，东是豹谷，西为黄巢沟，北边群岭逶迤，南面平川如砥，气势巍然，景色宜人。乾陵是渭北高原上18座唐陵中最具代表性和保存最良好者，也是惟一未遭盗掘的帝陵。日后乾陵定将由科学方法妥加发掘，其时墓内珍藏之宝物必将大白于天下，轰动世界。

乾陵是我国帝王陵寝发展史上一个重要的里程碑。它的布局形制较先前帝陵有许多创新，首先是取消多处设置寝殿、便寝、祭坛的做法，改为只在封土正南方设置献殿；其次是在陵墙南门外开辟长长的神道，两侧设置石象生，作为整个陵寝建筑群的前奏。这两点创新对以后的帝陵布局产生极大的影响。

乾陵始建于弘道元年(683年)，是年十二月高宗病死洛阳，武则天令吏部尚书营建乾陵，次年八月玄宫竣工，即葬高宗于陵内，故乾陵主体工程营建时间并不长。但据资料考证，陵前石像等多系在高宗葬后由武则天下令雕凿的，可见乾陵工程一直在继续进行。武则天死于神龙元年(705年)，次年与高宗合葬于乾陵。由此推断，乾陵工程前后陆续营建了大约23年。乾陵至今未遭盗掘，内部情况史无记载。但武则天死后朝廷议论合葬时，给事中严善思曾说："乾陵玄宫以石为门，铁固其缝，今启其门，必须镌凿。"可见墓道和墓门是用铁汁灌缝的，其坚固之程度可想而知。

乾陵地面建筑规模宏大。据元代《长安图志》记载，乾陵有内外两重城墙，"内城城墙南北一千一百步，东西九百步，外城城墙南北二千五十步，东西一千二百步"(一步约合今1.5米)。惜今外城早已毁之殆尽，内城仅余四面城门残迹。但城门外124件精美的石雕大多保存尚好。这些石雕雕工精细，神态生动，形体雄伟，气势磅礴，显示出盛唐时期雕刻艺术的特色，是唐代的艺术瑰宝。

石雕绝大部分排列在南门(朱雀门)外神道两侧，自南向北依次为：华表一对，翼马一对，鸵鸟一对，石马及牵马石人五对；石人十对，述圣记碑一通(神道西侧)，无字碑一通(神道东侧)，"番臣"像六十尊(分列神道两侧)，石狮一对。其中述圣记碑刻文颂扬高宗功德，文约6000字，由武

唐懿德太子墓壁画《宫女图》

唐懿德太子墓是乾陵的陪葬墓，以墓内精美壁画闻名。前墓室四壁所绘乃宫廷之日常生活。此图右侧头上有明显高髻者，可能是女官，带领6位宫廷侍女，皆身着华服，显现唐朝宫廷华丽的景象。

则天撰，中宗李显书。无字碑系按武则天临终遗言而立，遗言说：己之功过应由后人评说，故碑不刻字。于此可见武则天颇具政治家风度。“番臣”是前来参加高宗葬礼的边疆地区各少数民族地方政权的首领，它们象征着唐王朝中央政府与少数民族和地方政权的亲密关系。

据记载，乾陵陵区周围近80里，分布着许多陪葬墓。已知的17座陪葬墓均分布于乾陵的东南侧。其中章怀太子、懿德太子、永泰公主、中书令薛元超、左卫将军李谨行等五座陪葬墓已经发掘，且前三座已作为博物馆复原开放供游人参观。这些墓虽于早年被盗，但出土文物仍然极为丰富，共出土各类文物近3000件。最为珍贵的是三座墓内约140余幅精美壁画，它们有的反映当时的宫廷生活，有的反映唐朝与西亚各国的友好交往，有的反映唐代的建筑艺术，内容丰富，题材广泛，构思严密，技巧娴熟，是盛唐壁画艺术的珍宝。

前蜀高祖永陵

前蜀高祖永陵俗称王建墓，位于四川省成都市西郊三洞

唐永泰公主墓总平面·剖面·透视图

永泰公主墓位于陕西省乾县北原，西北距乾陵2.5公为乾陵的陪葬墓之一。现存地上部分为底边55米见高11.3米的梯形夯土台。夯土台四周有围墙遗址，围东西长214米，南北长267米，四角有角楼遗址，正南有土残阙1对。阙前依次列石狮1对，石人2对，华表1对。

墓的地下建筑，由墓道经6个过洞及天井，又经后甬道至前室及后室，长达87.5米，纵贯南北的轴较地上轴线偏东8.65米。轴线上依次为斜坡向下的道、砖砌的甬道和前后两个墓室。主要墓室(后室)于夯土台正下方，深16米，墓道两壁绘有龙、虎、阙和两列仪仗队，甬道的顶部绘宝相花平棋图案及云图。前后墓室绘有极精美的人物题材的壁画，墓室隆顶上绘有天象图。

墓的地上建筑，现仍存陵园神道遗物，自南而有石华表、武侍石刻像及石狮，均为东西成对配再为双阙，烘托着其后中央的坟丘，表现了完整总体规划。永泰公主墓虽已被盗，金玉随葬品均窃一空，但它的宏伟地下建筑和大量文物，如壁画、刻、陶瓷品等保存迄今。特别是，几乎在长达数十的墓道内和前后墓室四壁及顶部都绘有彩画，题材富，构图完美，技法简练，表现了盛唐时代的艺术格，是建筑史上一个重要实例。

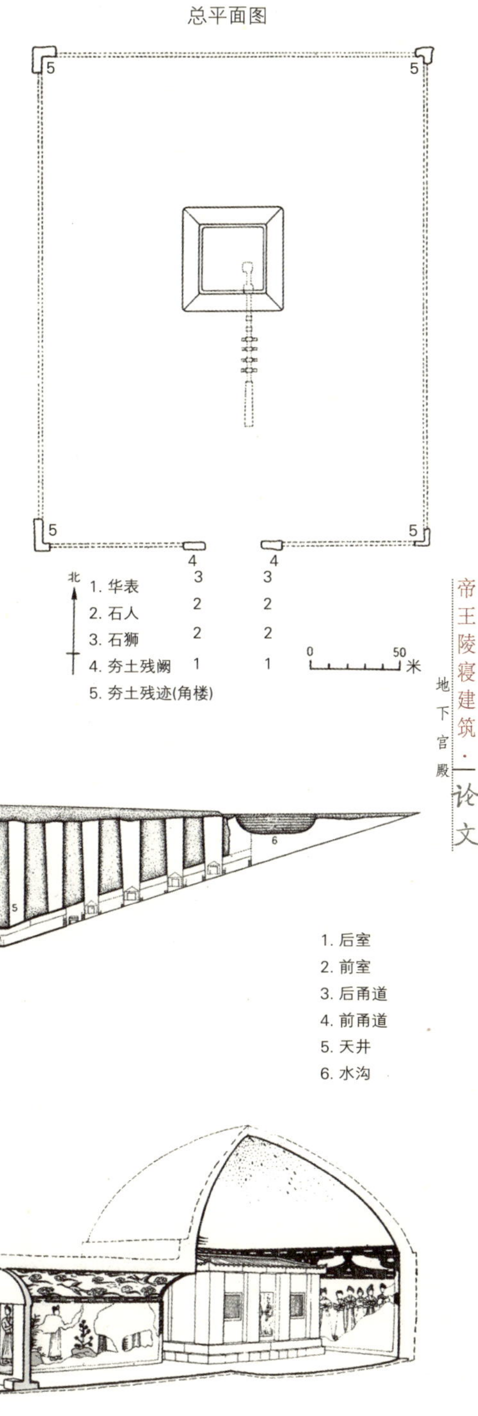

剖面图

透视图

桥。早年人们曾误认为它是司马相如或诸葛亮的抚琴台。公元1942年，考古学家进行科学发掘，终于确证了它就是五代十国时期前蜀开国君主高祖王建的陵墓。当时前蜀辖地相当广阔，又偏安于天府，与全国其他地区战乱频繁的局面相较之下，显得比较安定，经济也比较发达，因而它与金陵的南唐就成为五代十国时期各犄东南和西南一隅的两个大邦。而前蜀永陵和南唐钦陵也就成为五代十国时期两个最大、最豪华的帝陵。

经过千余年沧桑变迁，永陵地面建筑今已荡然无存，只剩下高15米、直径约80米的圆形陵冢依然在向人们诉说着分崩离析、战乱频仍的五代十国时期前蜀经济文化迅速发展的可贵局面。据宋人笔记，永陵地面建筑内仅壁画就多达五百余幅，可见其规模之宏大与建筑之华丽。1971年在离墓冢300米处又发现一尊高达4.1米的石人，其高度竟与唐乾陵前石人不相上下，亦可作为永陵规模之佐证。

永陵封土为陵，完全摒弃了唐代因山为陵的做法；同一时期的金陵南唐帝陵也是如此。这足以说明，因山为陵工程繁杂，非具有强大国力不能为之。而封土陵工程可繁可简，规模可大可小，也较少受地形制约，有较大的灵活性。故唐代以后的帝陵又恢复了封土成陵的做法。

永陵封土的独特之处，一是封土外形由方形改为圆形，这显然是因为成都地区多雨，圆形封土不致存水；二是封土下部筑有条石砌成的基础，它对保护封土具有很大的作用。这种做法在以前的帝陵中未曾出现过，而为以后的帝陵所借鉴，并由此发展成为高大的宝城宝顶。

永陵地宫属浅埋式，地宫地面标高与室外地面相差无几。可能因为成都地区地下水位较高，浅埋可避免水浸。地宫全长23.4米，由14道双重石券构成，分前、中、后三室，三室之间均有木门间隔。前室相当于埏道，是进入椁室的前奏；后室是供皇帝起居的寝殿，室内安放着石制的御床，上置高祖王建石雕坐像；中室是地宫的主体部分，面积较大，中央为放置王建棺椁的石棺床。棺床高84厘米，长7.5

前蜀永陵平面·剖面·透明图

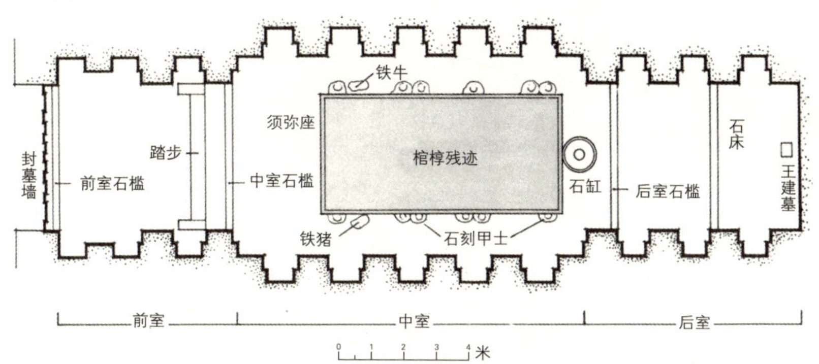

纵剖面图

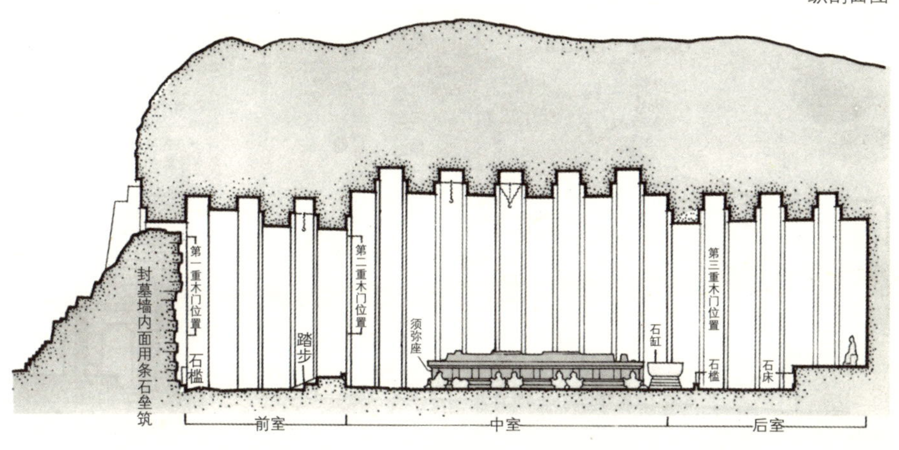

透视图

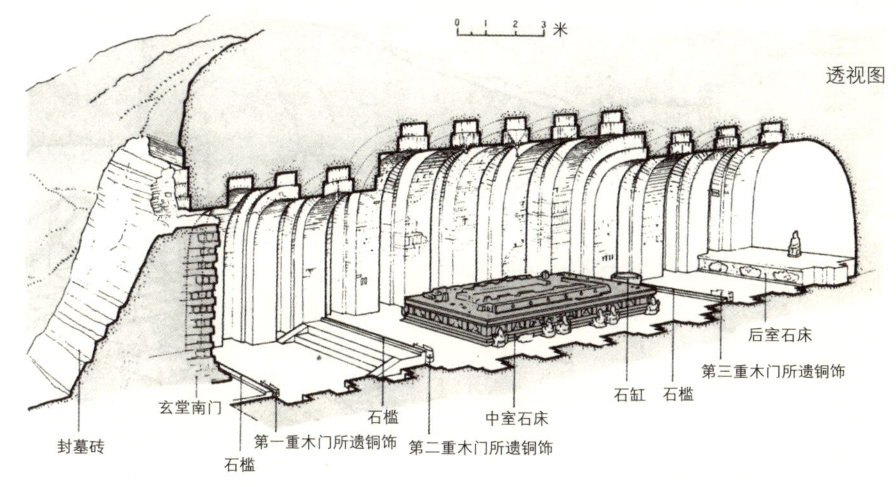

宋永定陵石象生群

永定陵是宋真宗赵恒的陵寝。该陵的石雕是北宋八陵中保存最完整的。布置紧凑为其他帝陵所少见。

米，宽3.3米，成须弥座状，用青白大理石砌成。棺床的东西南三面有24幅精美的乐伎石浮雕。她们体态丰腴，面貌圆润，舞者风姿绰约，翩翩起舞，乐者各操琵琶、笙、笛、鼓等乐器；怡然而乐，神态生动。这组舞乐石雕，不仅是五代十国时期极为精美的石雕艺术珍品，也是研究古代音乐舞蹈可贵的文物资料。

北宋八陵

北宋八陵位于河南省嵩山北麓的巩县。北宋9个皇帝，除徽、钦二帝为金人所掳，死于漠北五国城(今黑龙江省依兰县)外，其余七帝均葬于此。包括太祖赵匡胤永昌陵、太宗赵光义永熙陵、真宗赵恒永定陵、仁宗赵祯永昭陵、英宗赵曙永厚陵、神宗赵顼永裕陵、哲宗赵煦永泰陵。加上太祖将其父赵弘殷墓由汴州迁葬于此，追改为永安陵，故现有八陵，统称七帝八陵。巩县地处黄土高原东坡，山水清秀，南有嵩山、北有黄河，洛水横贯县境，土质优良，地下水位低，自古被视为吉祥之地，故被宋王朝辟作陵区。陵区北起孝义镇，南至西村，东抵青龙山，西达回郭镇，面积约7.5平方公里。在这广阔的陵区内，除了七帝八陵外，还有后妃、皇亲、功臣墓约300座，形成了一个庞大的皇家陵寝群。

北宋帝陵布局基本因袭唐制。不同之处是，按风水之说，要求赵姓墓葬南高北低，故宋陵一反“背山面水”的常规，将陵区设于嵩山北麓，入口处地面较高，封土则处

北宋八陵分布图与永昭陵平面图

北宋的帝后陵墓，从宋开国皇帝太祖赵匡胤之父赵弘殷的永安陵起，续建太祖的永昌陵、太宗的永熙陵、真宗的永定陵、仁宗的永昭陵、英宗的永厚陵、神宗的永裕陵，至哲宗（赵煦）的永泰陵止，共计八陵，集中坐落于河南省嵩山北麓的巩县，陵区绵延约10公里，当地百姓称为“龙堌堆”。

八陵的建制大体相同，各陵占地均在120亩以上，诸陵以帝陵为主体，其西北部有祔葬的后陵。陵园坐北朝南，呈方形，边长约230米，周围筑有10余米高的神墙，四角有角楼，四面正中有神门。陵园正中为高大的封土陵台，外形呈覆斗状，故又称方上，底边长约60米，高约20米，陵台下为地宫。陵台与南神门之间建有献殿，又称上宫，是举行祭祀大典的场所。

出南神门沿中轴线设有神道，两侧排列成对的石象生。自南神门由北向南依次排列有镇陵将军1对、石狮1对、武士2对、文臣2对、番使3对、石羊2对、石虎2对、仗马与控马官2对、角端1对、瑞禽1对、石象与驯象人1对、望柱1对。望柱以南是乳台和鹊台，为神道的两道土筑门阙。

宋陵的另一特点，是明显地根据风水观念来选择地形。宋盛行“五音姓利”的说法，国姓赵所属为“角”音，必须东南地穹、西北地垂，因此各陵地形东南高而西北低。由鹊台至乳台、上宫，愈北地势愈低，一反中国古代建筑基址逐渐增高而将主体置于最崇高位置的传统方式。

北宋八陵中，可以仁宗(赵祯)永昭陵为代表(见下图)。现墓冢底宽55米，南北长57米，高22米。墓前石刻有石人10对、石羊2对、石虎2对、石马2对、角端、瑞禽、石象、望柱各1对，东西两边对称。此外，陵北有祔葬后陵一处。

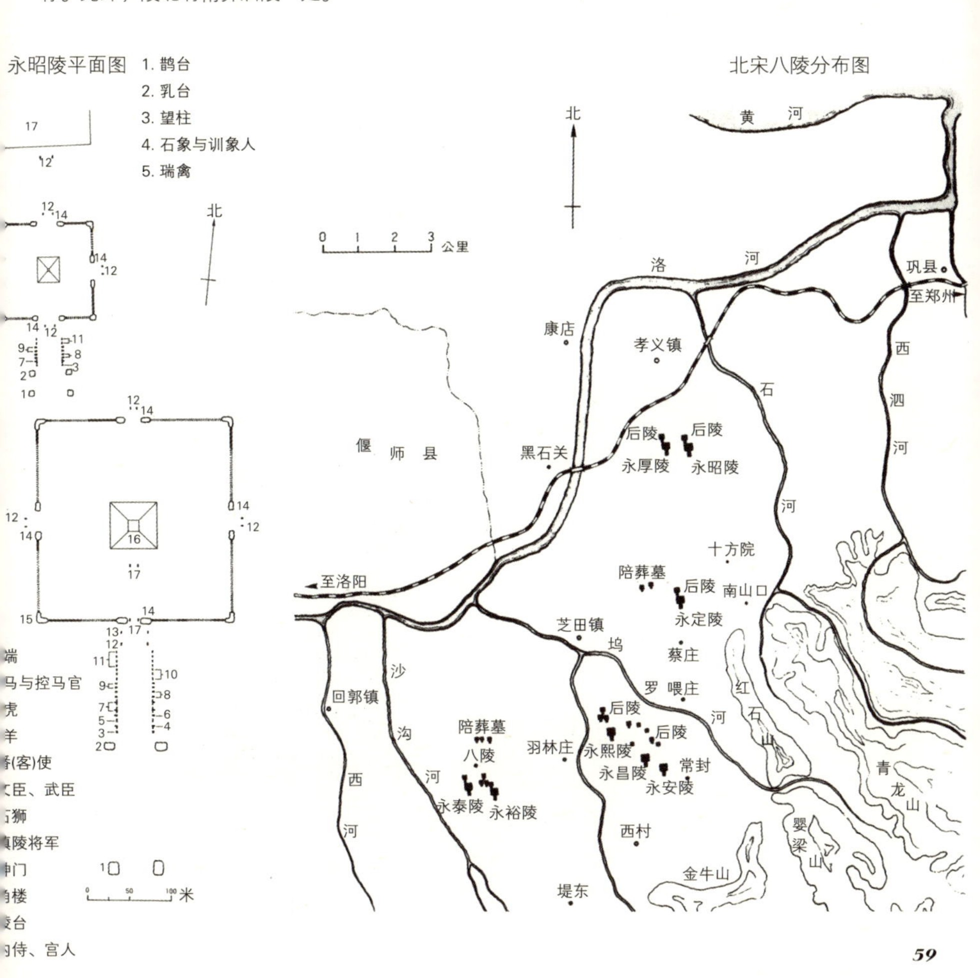

于最低位置。各陵占地均在120亩以上。陵园坐北朝南，呈方形，边长约230米，周围筑有十多米高的神墙，四角有角楼，四面正中有神门。陵园正中为高大的封土陵台，外形呈覆斗状，故又称方上，底边长60米左右，高20米左右。陵台下为地宫。宋陵地宫尚未正式发掘，但有人曾从盗洞进入过永熙陵地宫。该地宫规模宏大，深逾30米，由多层青砖砌成，极为坚固，顶部绘有天象图，图下绘宫殿楼阁，色彩至今十分鲜艳。陵台与南神门之间建有献殿，又称上宫，是举行祭礼大典的场所。

出南神门沿中轴线设有神道，两侧排列着雄伟壮观的石象生。自南神门由北向南依次排列有：镇陵将军一对，石狮一对，武士一对，文臣两对，客使三对，石羊两对，石虎两对，仗马与控马官两对，甪端(形如麒麟的怪兽)一对，石象与驯象人一对，望柱一对。望柱以南是乳台和鹊台，它们是神道的两道土筑门阙。各陵石雕的内容和数量基本一致，但体量和雕刻技法则有差异。早期各陵如永安陵、永昌陵的石雕，造型粗犷，刀法洗练，线条简朴，具有浓厚的晚唐遗风。中期各陵如永定陵、永昭陵的石雕，刻功趋向细腻，造型趋向精巧，比例适度，神态生动，能逼真地刻画出人物身份和地位。

宋永定陵石羊

石羊是宋陵石雕中的上品。如果说，威武雄健的石虎是帝王尊严与高贵的标志，那么，温驯可爱的石羊，则是为了说明帝王还有柔顺的性格和秀美的形态。

晚期各陵如永裕陵、永泰陵的石雕，表现手法更趋写实，造型和技法更趋成熟，形象逼真，具有浓厚的生活气息。

关于宋陵石雕，当地民众流传着这样一句话："东陵狮子西陵象，滹沱陵上好石羊。"东陵指永裕陵，西陵指永泰陵，滹沱陵则指滹沱河边的永熙陵。永裕陵南神门外的石狮，形象刻画极有特色，牡狮威武雄健，牝狮温驯和顺，形态栩栩如生，令观者难以忘怀。永泰陵的石象造型雄伟，比例准确，形象逼真，神情生动，是宋陵14件石象中最好的作品。永熙陵的石羊则昂首静卧，温文尔雅，形象优美动人。这些石雕无疑是宋陵石雕中最优秀的代表作。

宋陵石雕数量众多，据当地文物管理部门考查，原有1000余件，千余年来虽屡经破坏散失，至今尚存700余件。这些石雕是我国现存最完整的古代陵寝石雕群之一，也是宋代雕塑艺术的代表作。由此可见，宋代雕塑艺术在继承唐代雕塑传统技法的基础上，有了新的创造。它逐渐摆脱了唐代雕塑带有宗教色彩的凝重风格，形成注重写实、精细流畅的艺术风貌，写下我国古代雕塑史上新的一章。

帝陵陵园的西北面，还附设有后陵和下宫。皇后单独起陵，反映了北宋后妃政治地位的提高。北宋历史上，后妃参政不乏其例。巩县宋陵共有21个后陵。后陵建制均同帝陵，只是规模逊于帝陵而已。下宫是供皇帝灵魂起居和举行日常祭祀的地方。下宫两侧院落则是守陵官员、卫兵的住处。

整个陵区曾是绿树成林、浓荫匝地的"柏城"，每个陵园都有专门负责养植柏林的"柏子户"，可惜这大批绿树连同陵园地面建筑都在随后的战乱中被破坏无遗。北宋灭亡后，巩县宋陵均被金朝统治者盗掘，珍宝玉器悉数被劫，哲宗遗骨暴露于外，地面建筑及柏林焚毁过半。金朝灭亡后，元朝统治者又肆虐作歹，宋陵一切地面建筑除石雕外全被破坏。这实在是一段令人痛心的历史!

明太祖孝陵

孝陵是明太祖朱元璋和马皇后的合葬墓，位于江苏省南

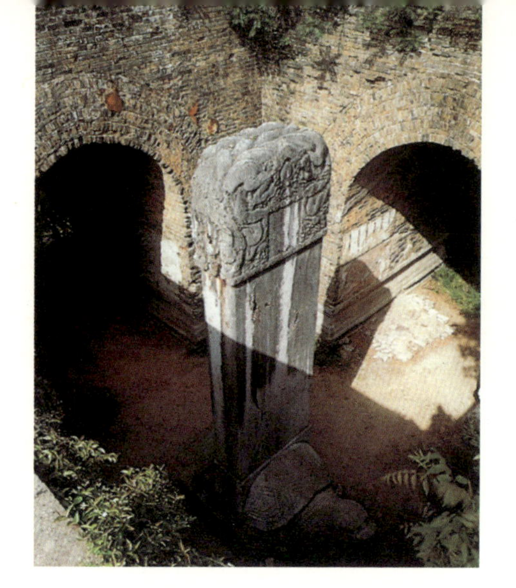

明孝陵四方城

孝陵是明太祖朱元璋及皇后马氏的合葬墓，建于洪武十四至十六年(1381—1383年)。孝陵四方城乃神功圣德碑楼，因碑楼顶部已坍毁，今只剩四壁围墙和门洞，俗称“四方城”。城内有巨型石碑一通，高达8.78米，立于龟趺之上，系明成祖所立。

京市东郊钟山南麓独龙阜。此地钟阜巍峨，石城雄峙，素有“龙蟠虎踞”之说。独龙阜下，松柏参天，泉壑幽深，形势尤胜。故朱元璋登基不久，与徐达、常遇春等重臣商议陵址时，竟不约而同都选中独龙阜。

孝陵始建于洪武十四年(1381年)，次年葬入皇后马氏，洪武十六年基本建成；前后历时两年余。但附属工程一直在继续修建，等“神功圣德碑亭”最后建成时，已是永乐三年(1405年)。孝陵规格宏大，自下马坊至方城，纵深达2.62公里。据《康熙江宁府志》记载，孝陵红墙周长22.52公里，为当时京城应天府(南京)城墙总长的三分之二，可见其规模之巨。惜经明末清初及太平天国两次战火，不只红墙全毁，且祾恩殿等主体建筑也仅剩残迹了。

孝陵总体布局分前后两部分，自下马坊至文武方门为总长2.2公里的导引建筑和神道，文武方门以北便是陵园祭祀建筑范围。有趣的是，孝陵的神道走向竟呈曲尺形：自下马坊起，先西北行，后折向正北，又折向东北，再转向正北，直达文武方门。这样的走向，使神道绕过了孙陵冈。孙陵冈(今名梅花山)是三国时期吴国君主孙权的墓地。营建孝陵时有人曾建议将孙权墓迁走，但朱元璋却说：“孙权是条好汉，不妨留他守大门吧!”于是就有了神道曲折的布局。

下马坊是孝陵的入口。由此西北行750米为大金门，这是陵区的大门，两侧为红墙，现屋顶已毁，仅余券门三洞。大金门以北70米处为神功圣德碑亭，今屋顶亦毁，仅余围墙和门洞，故当地俗称四方城。但亭内高达8.7米的巨大石碑保存尚完好，上有明成祖朱棣书写的碑文二千七百余字。由碑亭西北行，过御河桥100米，即为平坦的神道。神道分前后两段：前段西北向，长600米，布置石兽6种12对(狮、獬豸、骆驼、象、麒麟、马各二对，一对立一对蹲)；后段为正北向，长250米，布置石望柱一对，武将两对，文臣两对。孝陵石雕造型生动，尤以石象和骆驼最为壮观，它们是明初石雕艺术的代表作，也是稀有的艺术珍品。石象生群尽端为棂星门，今已毁，仅剩石础。由棂星门折向东北，行207米，再折向正北，为御河桥，桥北200米即为文武方门。由此向北直到宝顶，建筑物均按南北轴线布置，方向不再变更。

文武方门是陵园祭祀建筑群的正门，原有正门三洞已毁，现存陵门系清同治年间重建。门内原有御厨、宰牲亭、井亭、具服殿等均已毁，但清代皇帝谒陵时赞颂朱元璋的墨迹碑刻至今尚存。这些碑刻虽系出自康、乾诸帝的政治需要，但也确实表现了他们在民族问题上的政治家风度。主体建筑献殿(祾恩殿)规格巨大，面阔九间，进深五间，下有三层须弥座台基。惜原殿早已不存，现存献殿是清同治年间重

明孝陵方城明楼

孝陵方城高约20米，下部有斜坡甬道可达宝顶。方城上的明楼屋顶已坍。方城四周古木葱茏，形胜天然，令探古访幽者流连忘返。

建的，形制与原殿相去甚远。殿北150米有单孔石桥一座，桥长57米，形制宏大，颇为壮观。桥北即为高大的方城。方城下部有斜坡甬道通向城后夹道，并可由夹道两端的礓道登达方城。城上明楼现仅余砖墙，屋顶已于清咸丰年间毁圮。方城以北即为直径400米的圆形宝顶，周围是长达一千多米的砖砌宝城。宝顶下部便是地宫了。

明孝陵是帝王陵寝发展史上又一个重要的里程碑。它对前朝帝王陵寝制度作了重大的改革，主要有：第一，墓冢封土由方上改为圆形宝顶宝城。因为南方多雨，圆形宝顶有利于雨水下流，宝城作为宝顶的基础可防止雨水浸润墓脚。这种建制最初出现于五代十国时期的前蜀永陵，但作为定制并为后世所模仿，则始自明孝陵。第二，废除原始迷信的日常供奉制度，取消了前朝帝陵中供皇帝灵魂起居的下宫，同时突出朝拜祭祀，保留和扩展供拜谒祭奠的上宫，形成一组以献殿为中心的祭祀建筑群。第三，将原来以墓冢为中心的方形陵园，改为在宝顶前设置长方形多进院落的祭祀建筑区，使祭祀建筑区成为整个陵区的主体。第四，发展了陵园前方的导引建筑和神道设施，强化帝王陵寝总体格局上的建筑艺术性。这些改革对后世帝陵产生极大的影响。自此以后，明、清两代二十多个帝王陵寝都以明孝陵为楷模，未产生过大变化。

明十三陵

明十三陵是明代十三个皇帝陵寝集群的总称，位于北京城北45公里处的昌平县天寿山南麓。天寿山是燕山支脉，山势雄伟壮观，诸峰拱立，在陵区的北西东三面形成一道天然屏障，围合成一个小盆地。盆地幅员广阔，占地近40平方公里，水土深厚，绿树成荫，更有温榆河自西北而东南蜿蜒流过，青山绿水交相映照，景色十分幽美。因而明成祖朱棣在南京登基后不久，一方面筹措迁都北京，另一方面随即派人选定这块“吉壤”，降旨圈地80里作为陵区禁地。

明代共有16个皇帝。除开国皇帝朱元璋葬于南京孝陵，

明十三陵分布图

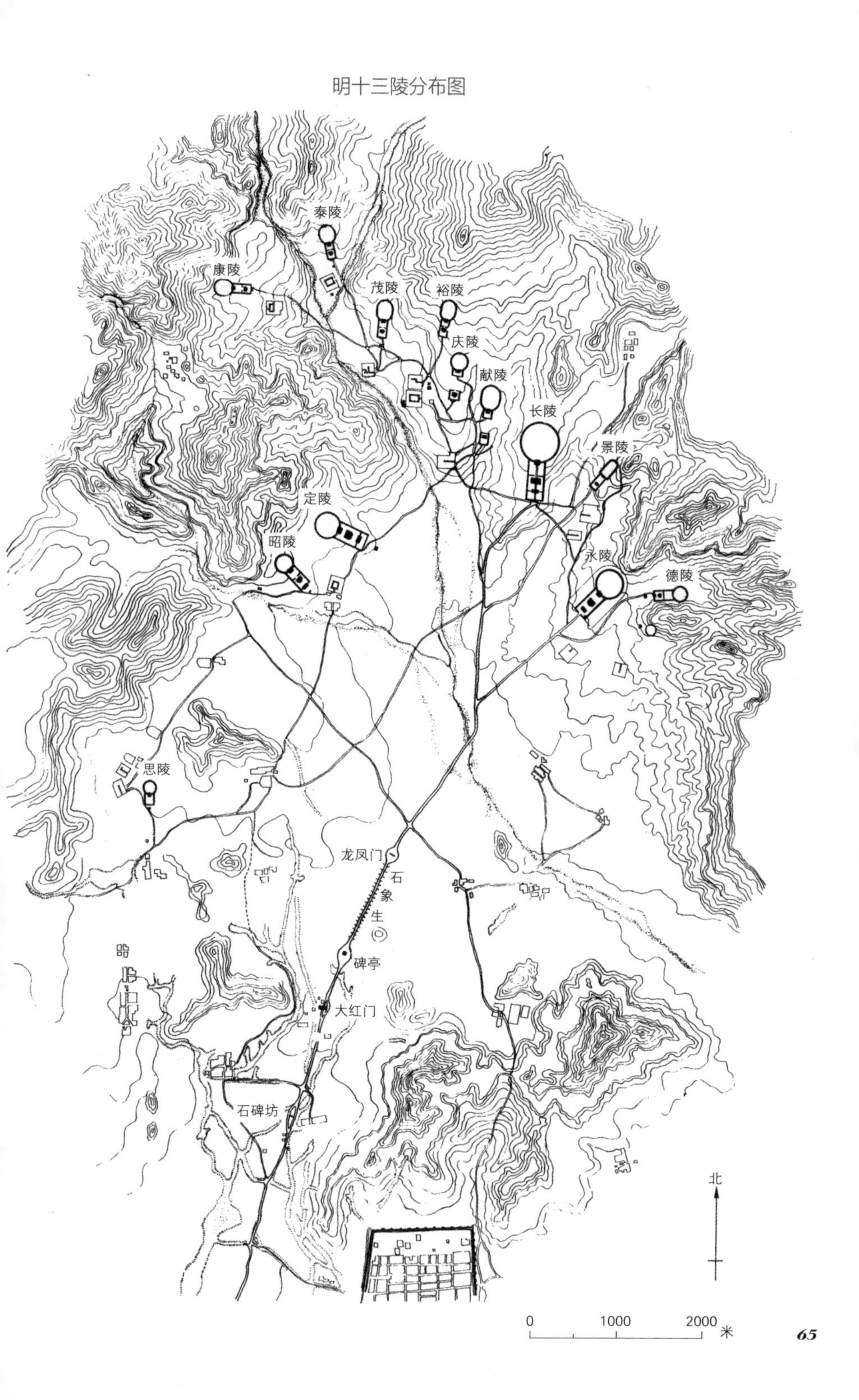
泰陵
康陵
茂陵
裕陵
庆陵
献陵
长陵
景陵
定陵
昭陵
永陵
德陵
思陵
龙凤门
石象生
碑亭
大红门
石碑坊
北
0
1000
2000
米

明十三陵棂星门

棂星门是陵区的第二重大门，由三组二柱牌坊及砖砌墙垣组合而成。牌坊的石柱上部饰有异兽和云板，石枋中央饰有石雕火焰宝珠，造型奇特，具有极强的装饰效果。

第二帝朱允炆在朱棣发动的“靖难之役”中下落不明(近有文章称述，朱允炆逃出南京后埋名躲藏民间，他的墓葬已在安徽发现，详情待究)，第七帝朱祁钰在朱祁镇发动的“夺门之变”中被废除帝位，死后葬于北京西郊的金山之外，其余13个皇帝全部下葬在十三陵。十三座陵寝以成祖朱棣的长陵为中心，结合自然地形，背负山峦，面向平原，沿山麓散布，彼此呼应，形成一个气势磅礴、宏伟壮观的帝王陵寝群。它们的名称分别是：成祖朱棣的长陵，仁宗朱高炽的献陵，宣宗朱瞻基的景陵，英宗朱祁镇的裕陵，宪宗朱见深的茂陵，孝宗朱祐樘的泰陵，武宗朱厚照的康陵，世宗朱厚熜的永陵，穆宗朱载垕的昭陵，神宗朱翊钧的定陵，光宗朱常洛的庆陵，熹宗朱由校的德陵，思宗朱由检的思陵。其中长陵是首陵，因而建筑宏丽，规模最大。献陵和景陵是朱棣长子、长孙的陵寝。他们曾目睹成祖创业之艰辛，在位时为政比较清明，生活比较节俭，因而他们的陵寝比较简朴。裕陵、茂陵、德陵是皇帝死后才动工兴建的，因而陵寝的规模比较小。永陵和定陵规模虽不及长陵，但其豪华奢靡程度均较长陵有过之而无不及，反映了明代中后期政治腐败，宫廷生活奢侈浪费。而昭陵、庆陵和思陵，实际上不是在葬皇帝自己的陵，只是利用他人的陵墓下葬而已。昭陵原是世宗嘉靖皇帝为其生父迁葬修建的新显陵，后因故未用。穆宗去世后，神宗采纳张居正等众臣建议，修缮空陵，葬穆宗于此，更名昭陵。庆陵原是景泰帝朱祁钰为自己修筑的陵寝，“夺门之变”后被废除帝位，死后葬于金山，陵寝一直空着。一百六十多年后，短命皇帝朱常洛即位29天即命归西天，其时神宗尚未下葬，朝廷一时无力为光宗筑陵，遂以景泰帝陵修旧利废，为光宗入葬，改名庆陵。思陵原是思宗朱由检的田贵妃之墓。李闯王攻占北京后，思宗自缢于紫禁城后的煤山。由于这位明代的末代皇帝生前未及建陵，因而被草草葬入田贵妃墓，称为思陵。

长陵是十三陵的首陵，规模宏大，前后营建了18年。长陵营建之初，可能有一个总体布局设想，但当初营建工程主要还是在宝城宝顶和以祾恩殿为中心的陵园祭祀建筑区。长陵建成后的一百余年当中还不断地增补，才形成今日十三陵的现状。如神功圣德碑是宣德十年(1435年)竖立的，18对石象生也是宣德十年放置的；作为陵区入口标志的石牌坊，则是嘉靖十九年(1540年)世宗大规模整修先帝七陵时所增建的。今日之长陵，自石牌坊起至陵园正门，神道长6.6公里，远远超过南京的孝陵。由于这条神道陆续修建了一百多年，规制极其宏丽，所以不仅作为长陵的神道，同时也成为十三座陵寝共同的神道。长陵以后的各陵不再单独设置神道及碑亭、石象生之类的设施。此点与前期诸帝陵不同。

石牌坊是整个陵区最南端的建筑物，也是陵区的入口。这座五间六柱十一楼仿木结构牌坊，全部由大型汉白玉构件组建而成，高14米，宽29米，造型巍峨壮观，雕刻精美有力，是明代中期的石雕艺术珍品。由石牌坊北行一千余米即为陵区的大门大宫门，门有三洞，红墙黄瓦庑殿顶。两侧原有环绕陵区的红墙一道，长40公里，现已毁圮。门侧的下马碑至今保存完好。大宫门以北为神功圣德碑亭，平面方形，重檐歇山顶。亭内立有十余米高的巨型石碑，碑文长达三千五百余字，为仁宗所撰。碑的背面是清乾隆帝的《哀明陵三十韵》，记载当时十三陵破败景象，颇有史料价值。碑亭四角各立汉白玉华表一座，亭亭玉立，秀美挺拔。碑亭以北为石象生群，以望柱为先导，依次排列着狮子两对，獬豸

明景陵内宫门及二柱门

景陵是明宣宗朱瞻基的陵寝。由方城脚下南望，二柱门与内宫门轮廓线曲折起伏，错落有致；加上四周苍松古柏环列陪衬，更使建筑物在肃穆中透出些许几何美。

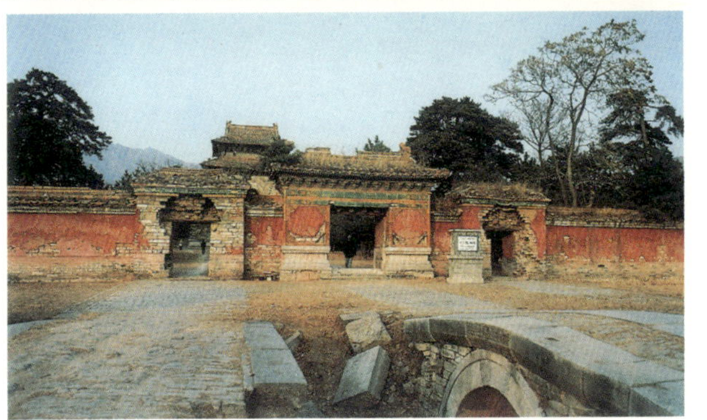

明献陵内红门

献陵是明仁宗朱高炽的陵寝，在明十三陵中属规模较小、建制较简朴的帝陵。祾恩殿与内红门间竟隔有一座小山，是当初建陵时为了不伤风水龙脉而留下的。图为小山后面的三路单孔御带桥和内红门，已略毁损，形制虽简朴，却也落落大方，耐人玩赏。

两对，骆驼两对，石象两对，麒麟两对，石马两对，都是一对卧、一对立；接着是武将两对、文臣两对、勋臣两对。这些石雕都是用整块石料雕凿而成，体积硕大，形态生动，具有很高的艺术价值。石象生群的北端为棂星门，又叫龙凤门，它是陵区的第二重门。棂星门由三组并列的二柱石门和四组矮墙组合而成，石门上方饰有石雕火焰宝珠，整座门坊造型奇特，具有极强的装饰效果。自棂星门北行4公里，穿越温榆河，即达长陵的陵园祭祀建筑区。

长陵祭祀建筑区(陵园)由三进院落组成。陵门至祾恩门为第一进院落，院内东侧有碑亭一座，内有无字碑一通。祾恩门至内宫门为第二进院落，宏丽的祾恩殿矗立在院落中央，内宫门以北为第三进院落，院内有二柱门及石五供各一组，院内北侧便是高大的方城明楼。方城后面就是巨大的宝城宝顶。

祾恩殿是长陵的主体建筑。殿堂面阔九间，宽度达66米，已超过故宫太和殿的宽度。它是我国现存古建筑中规模最大的殿堂之一。大殿坐落在三层须弥座白石台基上，上覆重檐黄瓦庑殿顶，其形制规格在古建筑中已属最高等级。殿

明长陵平面图与祾恩殿平面·剖面图

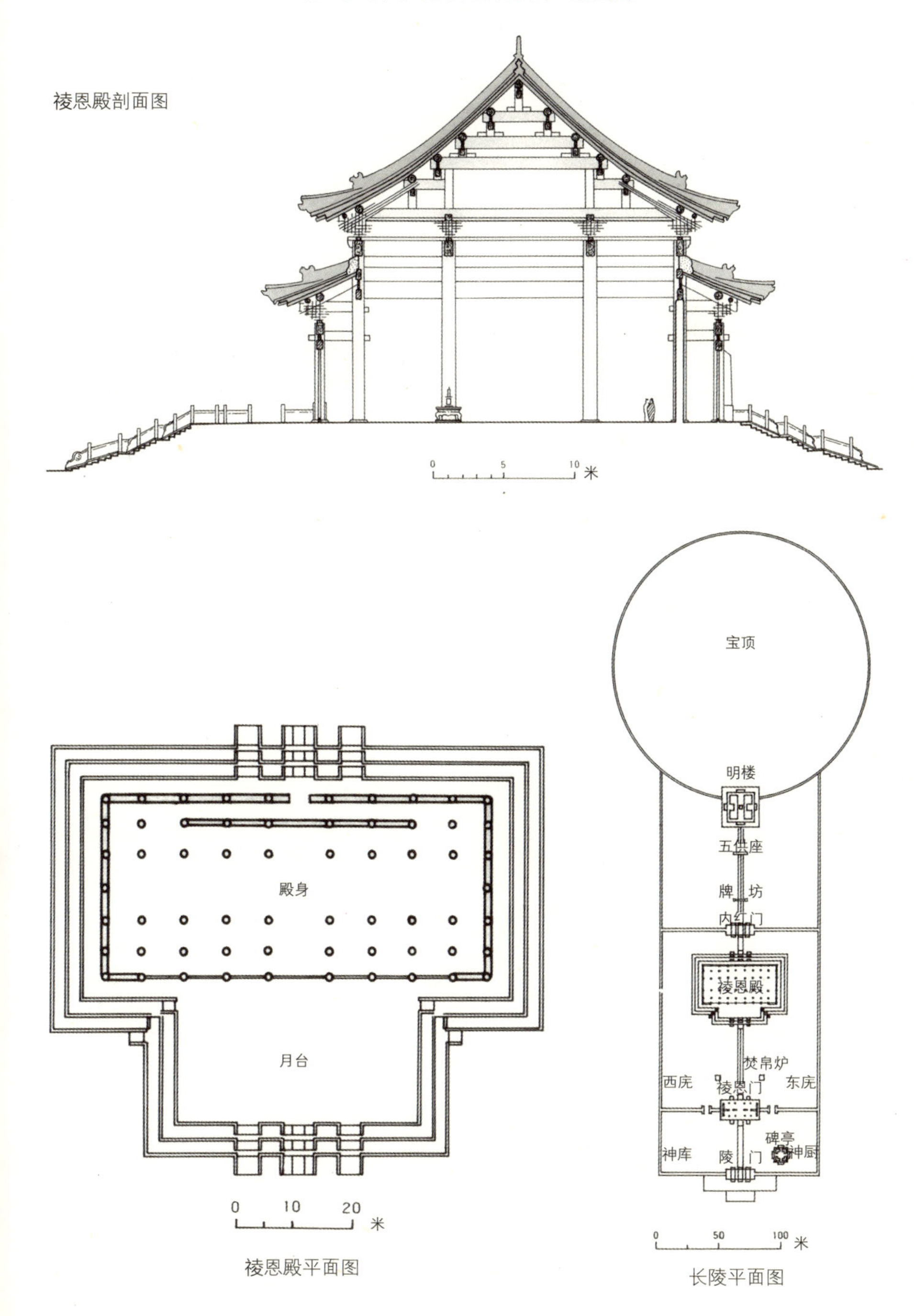

祾恩殿平面图

长陵平面图

夕阳下的定陵明楼

定陵是明神宗朱翊钧的陵寝，建于万历十一年(1583年)。定陵明楼以青石砌筑而成，在夕阳照耀下，定陵明楼更显得肃穆壮丽。

内全部柱子及梁枋均用极其名贵的整根楠木制成。柱子高大粗壮，双人不能合抱。全部楠木构架不施彩画，质朴古拙，气势雄浑。整座建筑极其宏伟壮丽，是我国古建筑中最精粹的作品之一。

十三陵中其他各陵祭祀建筑群的形制与长陵基本一致，只是在规模上不及长陵宏大。但有些陵中的建筑，其豪华程度却超过长陵。如永陵，“享殿、明楼，皆以文石为砌，壮丽精致，长陵不及”(《昌平州志》)；明楼的额枋、斗栱等均系石结构，地面铺文石，光滑如脂，坚硬似钢；宝城垛口都是用花斑石砌筑，精美非凡。定陵则是仿永陵修建的，其宏伟壮丽不下于永陵。惜永、定二陵地面建筑多焚毁，今只剩石砌明楼依然屹立在阳翠岭和大峪山前，在阳光下闪烁着金色的光芒。

十三座陵寝的地宫里，埋葬着十三位皇帝和他们的皇后。地宫，对一般人而言，向来是一个不解之谜。1956年，中国科学院考古研究所组织文物考古专家对定陵地宫进行科学发掘，从而使人们得以详尽地了解明代帝王陵寝地宫的布局及结构情况。地宫之谜已经被初步揭开。定陵地宫位于地下27米，由前、中、后、左、右五个高大宽敞的殿堂组成，总面积达1195平方米，全部为石拱券结构。各殿之间有甬道相连。前、中、后三殿入口处各有一道汉白玉石门及

明定陵平面图与其地宫平面·剖面图

定陵位于北京昌平县天寿山南麓，是明神宗(1573—1620年)朱翊钧的陵墓。明神宗在位时即行营建，历时6年才完成。地宫中除葬有神宗皇帝外，还葬有神宗的两位皇后。

定陵由巨大的宝顶、方城明楼和它前面的祭殿——祾恩殿等所组成。宝顶周墙做成城墙形式，覆盖着深埋在地下的地宫。宝顶前面正中部分做成方台，上立碑亭，下称“方城”，上称“明楼”。宝顶之前，以祾恩殿为中心，布置成三重庭院。每重院墙正中都按功能的需要，设置了大小不同的门。

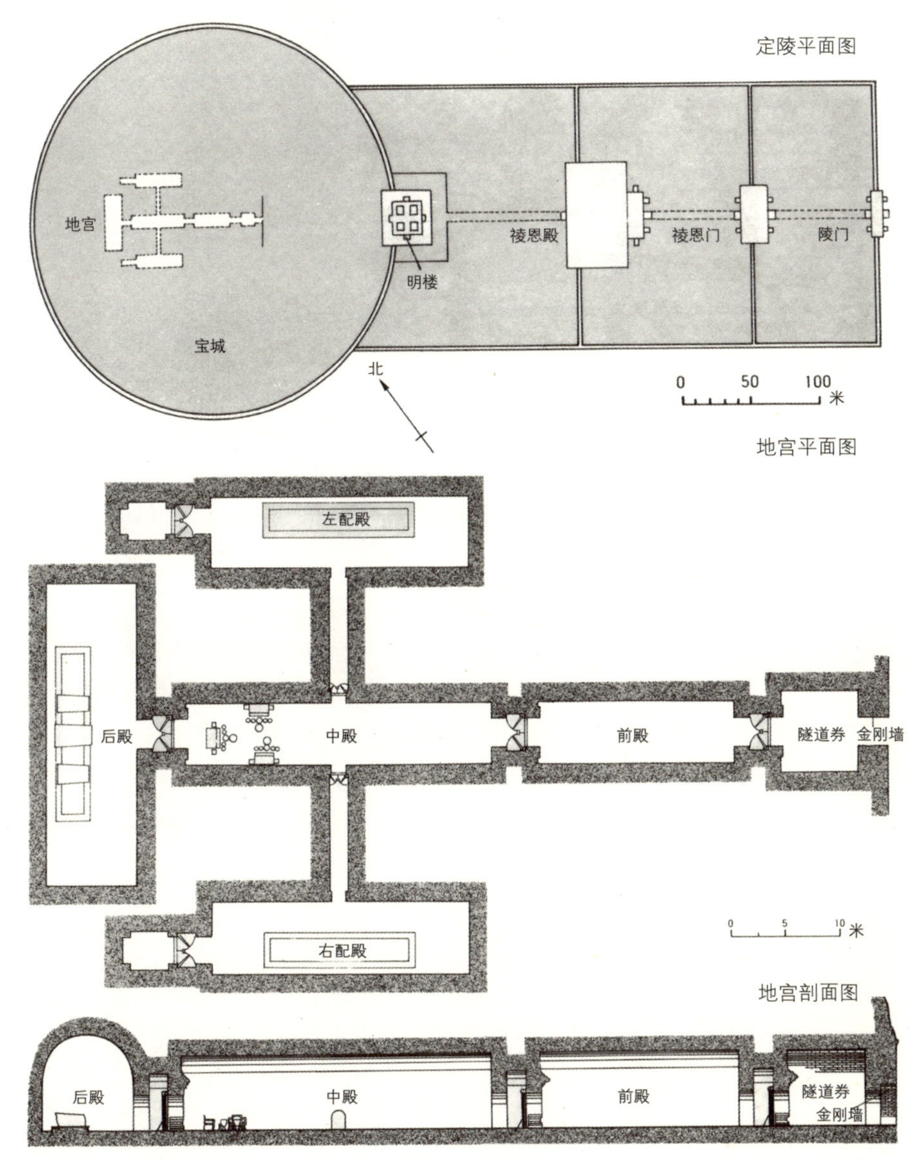

明永陵明楼

永陵是明世宗朱厚熜的陵寝，在十三陵中规模仅次于长陵。祾恩殿已毁，仅存台基。永陵明楼系青石砌筑，至今保存完好。由陵门北望，高峻的阳翠岭与雄峙的方城明楼，使永陵洋溢着宏伟壮丽的不凡气势。

门罩，门罩上雕有精美的龙凤和吻兽，造型稳重简洁。中殿按品字形放置着神宗及其两位皇后的石制宝座，宝座前有小型石五供和点燃长明灯的大油缸。后殿是安放棺椁的地方，空间最高大，高9.5米，长30米，宽9米。汉白玉棺床上放置神宗和两位皇后的巨大朱漆棺椁。

定陵发掘时，出土了三千多件珍贵文物，其中有镶宝石金制首饰，金器、玉器、瓷器、服装及金钱织锦等，这些文物已经成为研究明代手工艺和纺织技术的稀世珍品。

清初关外三陵

清初关外三陵是指清入关前在盛京(沈阳)附近所建的永陵、福陵和昭陵。这些陵寝既继承了我国古代建筑的艺术传统，又具有我国东北地区独特的地方风格。尤其那封建城堡式的建筑总体布局以及与丘陵自然风光的巧妙结合，使它与关内诸陵迥然不同，具有一种古朴、端庄、静穆的神秘气氛。

永陵 位于辽宁省新宾县境内，是清太祖努尔哈赤埋葬其父、祖父、曾祖和远祖等清皇室祖先的祖陵。建于明万历二十六年(1598年)，初称兴京陵，顺治十六年(1659年)改称永陵。因为永陵毕竟没有埋葬在位的帝王，因而规模不大，占地仅1万平方米。陵园由前院、方城、宝顶三部分组成，四周绕有红墙。前院南面正中为正红门，院内横排着四座碑

清福陵哑巴院内琉璃影壁

福陵是清太祖努尔哈赤和皇后的合葬墓，位于辽宁省沈阳市东11公里处。福陵于方城、宝城间设哑巴院。宝顶南面的琉璃影壁下面为地宫入口，影壁上有黄琉璃瓦顶，中心和四角则嵌以琉璃花。

亭。由碑亭往北过启运门便入方城，院内主体建筑为启运殿。启运殿以北即为宝顶。宝顶下无地宫，均为捡骨迁葬墓或衣冠冢。宝顶以北为启运山，像屏风一样立在永陵背后。这道绿色的天然屏障，加上陵前苏子河潺潺流水，使古朴、端庄的永陵更具葱郁烟霭之势，令人神驰。

福陵 系清太祖努尔哈赤和皇后叶赫那拉氏的陵寝，位于辽宁省沈阳市东郊，当地民众称为东陵。始建于后金天聪三年(1629年)，康、乾两朝曾增修，总面积达19.48万平方米。陵区四周绕有长方形缭墙，南墙正中为正红门，门前两侧立有下马碑、华表、石狮和石牌坊，雄伟而威严。门内有神道，两侧排列着成对的狮、虎、马、驼等石雕，周围苍松茂密，古柏参天。往北地势渐高，一条“一百零八磴”砖阶沿山势扶摇直上，在苍松古柏间直冲山腰，使陵寝具有“山势峻拔，磴道层折，深邃高耸，幽冥莫测”之感。登石阶，过石桥，迎面便是康熙朝内增建的碑楼，内立康熙帝撰文的神功圣德碑。再北为城堡式的方城，这是整个陵寝的主体建筑。方城南墙正中为隆恩门，上有三层城楼，恢弘壮丽；北墙正中为明楼；四角有角楼。城内正中矗立着金碧辉煌的隆恩殿，为举行祭祀大典之所在。方城后面是哑巴院，再往后便是宝顶和地宫。

福陵前临浑河，背倚天柱山，主体建筑建于山腰间，崇楼凌云，飞檐入霄，既可四望重岭，又能俯瞰平川，形势雄伟而壮观；四周则是葱郁的松海，幽静肃穆。这种陵园与自然风景、山光水色浑然一体的山陵式独特布局，使福陵以“天柱排青”的美名成为沈阳的八景之一。清人有诗曰：“四瞻苍蔼合，俯瞰曲流通；地是排云上，天因列柱崇。”这正是福陵山水风光的真实写照。

昭陵 系清太宗皇太极和皇后博尔济吉特氏的陵寝，位于沈阳市北郊，当地民众称北陵。昭陵是清初关外诸陵中规模最大、保存最好的陵寝，陵区占地面积达450万平方米。始建于清崇德八年(1643年)，竣工于顺治八年(1651年)，康熙、嘉庆朝内曾有扩建。昭陵总体布局与福陵基本相同，前有正红门、神道、石象生、碑亭；中为方城，包括隆恩门、隆恩殿、明楼、角楼；后为哑巴院、宝顶及地宫。唯昭陵石雕较福陵更为精细传神，具有相当高的艺术价值。其中正红门外三门四柱三楼式青石牌坊系嘉庆六年(1802年)增建，雕工精细，剔透玲珑，斗栱雕琢犹如木制，额枋上满布花卉卷草、云龙戏珠等高浮雕图案，异常生动，是一座不可多得的巨型石雕珍品。正红门两侧墙上的雕龙琉璃花心，形态逼真，尤其精彩。隆恩殿的花岗石台基上也雕有大量精细的花卉图案，明显地反映出清初关外地区建筑装饰独特的地方风格。整座陵寝虽建于平地，但周围湖面如镜，松柏成荫，风景十分幽美。当时为一片皇家禁地，“龙蟠翠嶂郁岩峣，路夹苍松白玉桥；十二羽林严侍卫，风嘶铁马白云霄”；如今早已辟为北陵公园，成为当地民众避暑度假的好去处。

清东陵

清东陵位于河北省遵化县马兰峪的昌瑞山下，西距北京125公里，是清朝入关以后营建的一组规模最大、体系较完整的帝王陵寝群。陵城南北长125公里，东西宽26公里，总面积为2500平方公里。其中昌瑞山南为前圈，即陵寝建筑区，占地48平方公里；昌瑞山北为后龙，是护卫陵区而占地极广的“风水禁地”。

昌瑞山系燕山支脉，“山脉自太行逶迤而来，重冈叠阜，凤翥龙蟠，一峰柱笏，状如华盖。前有金星峰，后有分水峪，诸山耸峙环抱。左有鲶鱼关，马兰峪尽西朝，俨然左辅。右有宽佃峪，黄花山皆东向，俨然右弼。千山万壑，回环朝拱，左右雨水，分流夹绕，俱汇于龙虎峪”。更有满山松柏郁郁葱葱，景色秀丽而壮观。因而顺治帝生前亲自选定此地作清王朝的“万年吉地”。

沿昌瑞山南麓，15座帝王后妃的陵寝各依山势东西排开，布局自然，形势严谨。青山坡下，白玉长桥闪闪发光；绿树丛中，红墙金瓦交相辉映。亭阁峥嵘，牌坊秀美，石兽肃穆，神道绵长，形成一派清幽秀美古朴自然的陵区景色。这里有五座帝陵，即顺治帝的孝陵，康熙帝的景陵，乾隆帝的裕陵，咸丰帝的定陵，同治帝的惠陵；四座后陵，即孝庄文皇后(顺治帝生母)的昭西陵，孝惠章皇后(顺治帝的皇后)的孝东陵，孝贞显皇后(咸丰帝皇后钮祜禄，即慈安太后)的普祥峪定东陵，孝钦显皇后(咸丰帝皇后叶赫那拉氏，即慈禧太后)的菩陀峪定东陵；五座妃园寝，即景陵妃园寝，景陵双妃园寝，裕陵妃园寝，定陵妃园寝，惠陵妃园寝，此外还有一座公主园寝。

清代有定制，如果皇后死在皇帝之前，可以随皇帝葬入帝陵，否则另建后陵，设于帝陵附近。其陵名随帝陵名称和其本身所在位置而定，如位于孝陵之东则称孝东陵。这种做法史无前例。北宋皇后虽然单独起陵，但均以祔葬形式设于

清昭陵隆恩殿 / 左

隆恩殿内安放皇太极的神主牌位，是举行祭祀的地方。面阔五间，黄琉璃瓦单檐歇山顶，建于青石台基上。台基通体雕饰精美图案，表现出清初东北地区古建筑独特的装饰风格。

清东陵孝陵石牌坊 / 右

石牌坊是清东陵的总入口，系仿明十三陵牌坊而建。高约13米，宽约32米，为五门六柱十一楼石结构建筑。夹杆石周围及上部均有精美的雕饰。

孝陵平面图

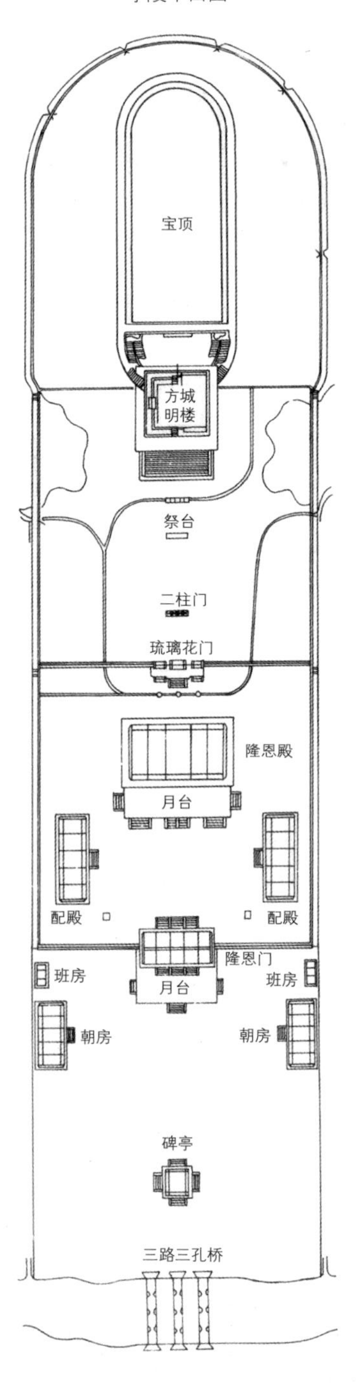

帝陵西北侧，不能完全独立；而清代后陵基本上是自成格局的。

孝陵是清世祖福临(顺治)和孝康、孝献两位皇后的陵寝。它是清东陵的首陵和主陵，因而规模宏大，设置完备，在清代诸帝陵中最为壮观。孝陵筑于昌瑞山主峰南麓，从最南端的石牌坊到最北端的宝顶，神道和轴线长达5.5公里，沿线座座建筑层层叠叠，气势之雄伟几达极致。石牌坊是整个陵区的入口。这座以木结构手法构成的巨型石牌坊，高12.48米，宽31.35米，巍然屹立于平阔的原野，恬静而壮丽。牌坊的夹杆石上装饰有云龙戏珠、双狮滚球、蔓草奇兽等六组高浮雕；夹杆石上端有立雕麒麟、狮子等六对卧兽，雕工细致，异常生动，是清代石雕艺术的代表作之一。石牌坊以北为大红门，这是陵区的大门，两侧红墙及门内东侧的具服殿现已毁。再往北是神功圣德碑楼，俗称大碑楼，楼高近30米，重檐飞翘，雄伟壮观，楼内立有6.7米高的巨型石碑。楼四角各有一座洁白晶莹的汉白玉华表，雕刻十分精美，仅一座华表周围就雕饰有96条龙纹。由碑楼往北，绕过天然影壁山，就是神道石象生群。18对石人石兽以望柱为先导，井然有序地排列在神道两侧。包括狮子两对，獬豸两对，骆驼两对，象两对，麒麟两对，马两对(以上均卧立各一对)，武将三对，文臣三对。石象生群北端为龙凤门，门的琉璃壁上嵌着五光十色的游龙、花鸟等琉璃花心，十分精美。穿龙凤门，越七孔桥、五孔桥、三路三孔桥，便到达隆恩门前的广场。广场南端为神道碑亭，俗称小碑楼，内立顺治帝庙号石碑。碑亭东侧为神厨库。广场北端便是陵园的大门隆

清东陵分布图

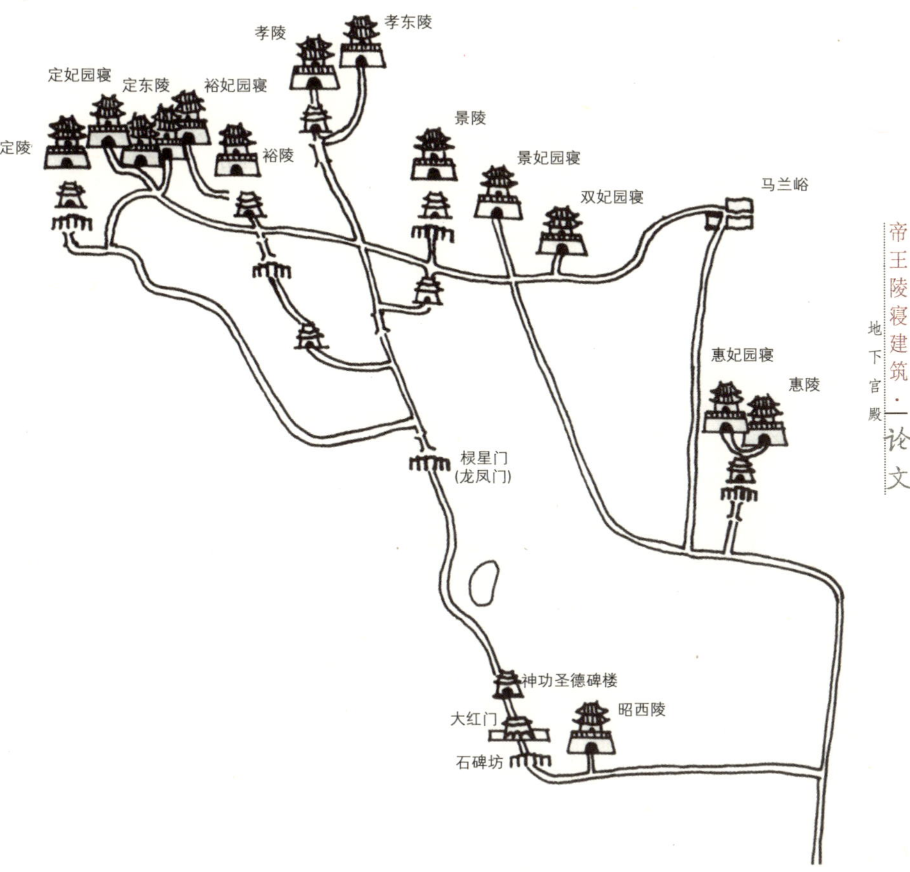

帝王陵寝建筑·地下宫殿 论文

孝东陵平面图

清孝东陵位于河北省遵化县马兰峪的昌瑞山下，孝陵之东1公里处。孝东陵葬着顺治孝惠章皇后和端顺妃等7人，以及福晋4人，格格17人。

清代始单独建后陵，这是清代陵墓建筑的特点之一。后陵形式与帝陵基本相同，但规模略小。清有定制，如果皇后死于皇帝之前，可以随皇帝葬入帝陵；否则另建后陵，设于帝陵附近。

孝东陵为后陵之首，其后院的方城明楼之前，两侧还排列二十余个安葬妃嫔的圆形宝顶，使后陵与妃园寝合二为一。

裕妃园寝平面图

裕妃园寝位于河北省遵化县胜水峪，裕陵以西1公里处。裕妃园葬有乾隆皇后乌喇那拉氏和皇贵妃、贵妃及妃嫔贵人等共35人。

清朝嫔妃另建陵墓，称妃园寝或妃衙门，是清代陵墓建筑的又一规制。园寝周围用红墙绿瓦顶。前院有享殿五间，为单檐绿色琉璃顶，建在低矮无栏杆的台基上。后院高地上按等级高低，有序地排列着圆柱形宝顶，埋葬着同一皇帝的各位妃嫔。园寝中有一特殊之例，即康熙的悫惠皇贵妃和惇怡皇贵妃，因功建有单独的园寝，称之为“景陵双妃园寝”。

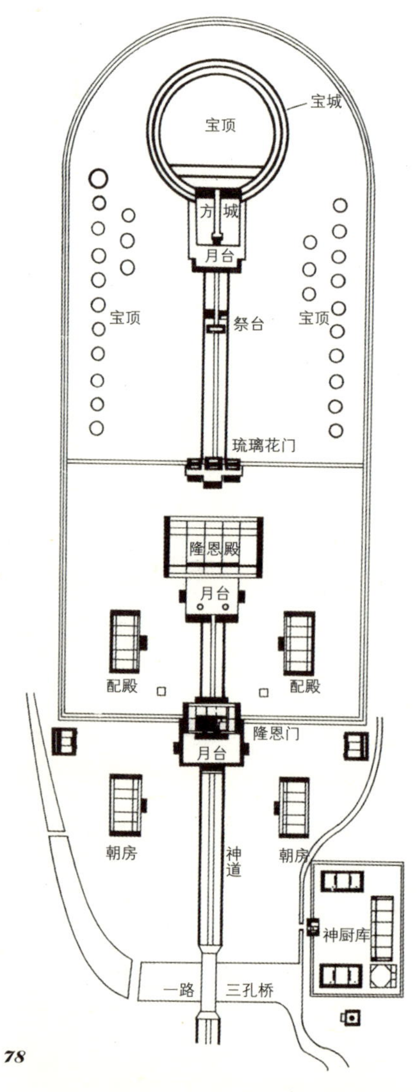

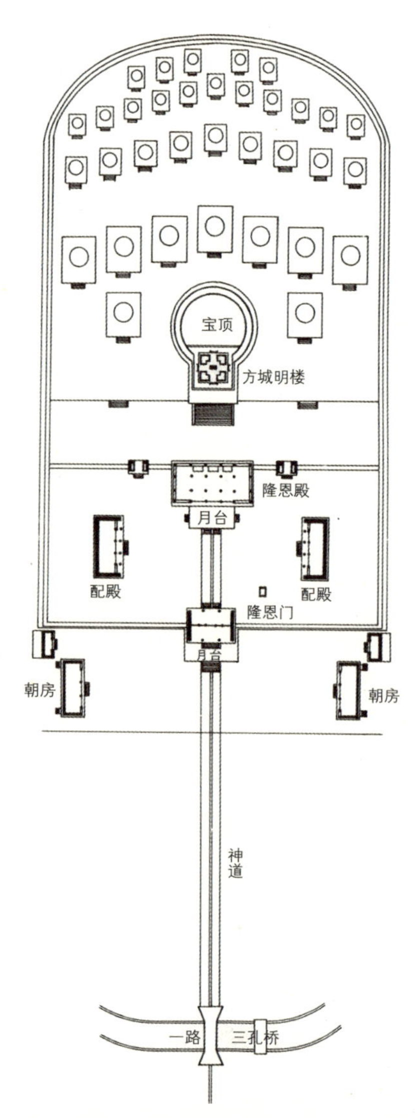

恩门了。

陵园分前朝与后寝两进。进隆恩门为第一进院落，院内主体建筑是巍峨壮丽的隆恩殿。绕过大殿，入内红门，为第二进院落，院内设有二柱门及石五供。二柱门又叫冲天牌楼，它体量不大，形制简单，但却是院内空间的构图中心。石五供通体雕饰，须弥座上刻有绾花结带、暗八仙、八宝等吉祥图案，香炉上刻有夔龙纹与万蝠流云，俨然是一组石雕艺术作品。院落北面是高大的方城明楼，方城后面便是哑巴院和宝城宝顶了。明楼为重檐歇山顶方形碑亭，是整个陵寝中地势最高的建筑物，亭内立有顺治帝庙号碑。宝顶是用白灰、砂土、黄土掺合成的三合土，一层一层夯筑而成的，又用糯米汤浇固，再加铁钉，所以十分坚固。宝顶下面是地宫，是放置顺治帝棺椁的所在。

世传顺治帝因爱妾董鄂妃早逝，悲痛异常，竟看破红尘，到五台山出家当和尚。康熙帝曾数次去五台山，在庙堂认父；但顺治帝心死如灰，拒不相认，最终坐化升天，所以孝陵地宫内只是一口空棺。“顺治出家”与“太后嫁叔”(即顺治帝之母孝庄文皇后下嫁皇太极之弟多尔衮)、“雍正改诏”构成了所谓的清初三大疑案。但这些传说均属无稽之谈。不过顺治帝笃信佛教，史有记载，乃可确信；他死后火化入葬，在《茆溪语录》中曾一再提及，似不能轻易否定。“茆溪”是举火焚化顺治帝遗体的高僧茆行森禅师。不过，火化入葬既是佛门规矩，也是满族历来的下葬风俗，顺治帝

清景陵方城明楼 / 左

景陵是康熙帝的陵寝，建于康熙二十年(1681年)。景陵方城明楼及二柱门、石五供等均保存完好。它们严整地排列在宝顶前面，呈现出端庄肃穆的景象。

清裕陵内红门 / 右

内红门由三座单檐歇山黄瓦顶砖砌门楼组合而成，中门两侧的墙垛贴有琉璃花心，所以又称琉璃花门或三座门。门前晶莹玲珑的小石桥与色彩绚丽的琉璃门形成对比，使门楼显得更加富丽华贵。

清菩陀峪定东陵前广场

广场以金水河为界，分为南北两半，南半部设有神道碑亭，北半部以隆恩门和东西朝房围合成一个开阔的三合院。隆恩门雄踞于广场北端，庄严肃穆。

果真火化，也不能视以为讳。究竟真相如何，只能待日后对孝陵进行科学发掘才能揭开谜底。

清东陵中其他四个帝陵，其陵园规制与孝陵基本相同，惟规模略有差别而已。但是神道和石象生的设置则大为简化。因为孝陵作为东陵的主陵和首陵，神道长达11华里，石象生多达18对，其他帝陵显然不可能再依此规制设置，只能象征性地设置一段较短的神道，设置少量几对石象生(康熙帝景陵5对，乾隆帝裕陵8对，咸丰帝定陵5对，同治帝惠陵无石象生)。这种做法显然也借鉴了明十三陵神道布局的成功经验。另一不同之处是，孝陵、景陵、裕陵神道南端均设有规制宏丽的圣德神功碑楼，立有为皇帝歌功颂德的巨型石碑。而定陵、惠陵则不设此种碑楼。因为道光朝在鸦片战争之后签订丧权辱国的《南京条约》，道光帝自知无脸再言“圣德”与“神功”，遂下旨从他开始，营建帝陵不再设圣德神功碑楼。

后陵与帝陵相比，规模一般要小得多，形制也要简单得多。但是，埋葬慈安、慈禧两后的定东二陵，其陵寝规制却丝毫不逊于帝陵。尤其是慈禧的菩陀峪定东陵，其制作工艺之豪华、用料耗银之糜费，不仅远远超过一般后陵，而且也在明、清两代23个帝陵之上。其隆恩三殿木构架及槅扇全部采用名贵黄花梨木制作，室内有64根贴金明柱，雕花砖壁也全部贴金。这些奢侈的做法恰好是慈禧专制腐败、骄奢淫逸的绝妙写照。

1928年，清东陵惨遭匪徒盗掘。裕陵地宫和菩陀峪定东陵地宫入口被炸药炸开，墓内无数价值连城的珍宝被洗劫一空。匪徒们连乾隆帝和慈禧的遗体也不放过，他们将遗体周身珍宝搜光，并将慈禧牙床撬开，把含在口中的稀世夜明珠取走，然后将遗体抛于污泥浊水之中。匪徒们的暴行理所当然地受到全国民众的强烈谴责!

现在，裕陵地宫和菩陀裕定东陵地宫经过清理，已经对游人开放。其中裕陵地宫内石雕之精美，工艺之卓绝，令人叹为观止，裕陵地宫为拱券式石结构，由一条墓道、四道石门、三重堂券组成“主”字形平面，全长54米。地宫中的石门、四壁、券顶等处布满佛像、经文及其他佛教图案雕饰。其中最为精彩的是八大菩萨和四大天王的雕像。八大菩萨雕于八扇石门上，每尊高1.5米，头戴佛冠，面目清秀，肌体丰满，神情安详，形象极其优美，堪称是东方维纳斯。四大天王俗称四大金刚，雕于门洞两壁，坐像与真人一般大小，手持法器，威风凛凛。众多的雕刻安排得恰到好处，有主有从，丝毫不显杂乱。这些清代最优秀的石雕杰作，闪烁着中国古代石雕艺术大师们智慧的光芒；而整座地宫则堪称是一座石雕艺术的宝库。

清西陵

清西陵是清王朝在关内修建的第二个规模宏大、体系较完整的帝后陵寝群。与清东陵相比，清西陵中帝后陵寝数量要少一些，规模和面积也小一些。但是西陵陵园建筑保存得比东陵好，现存殿宇一千余间，基本完整。加之西陵自然景色较东陵更为秀丽，置身西陵陵区极目远眺，远山层叠，逶迤起伏，近峰巍峨，气势磅礴；陵区内两万余株苍松翠柏形成一片碧海绿涛，林木蓊翳，浓荫蔽日；金顶碧瓦，亭阁峥嵘，红墙玉柱掩映林中；更有清溪从陵区潺潺流过，芳草落英沁人肺腑。真是一处“蝉噪林愈静，鸟鸣山更幽”的清静地，游览憩息的好地方!

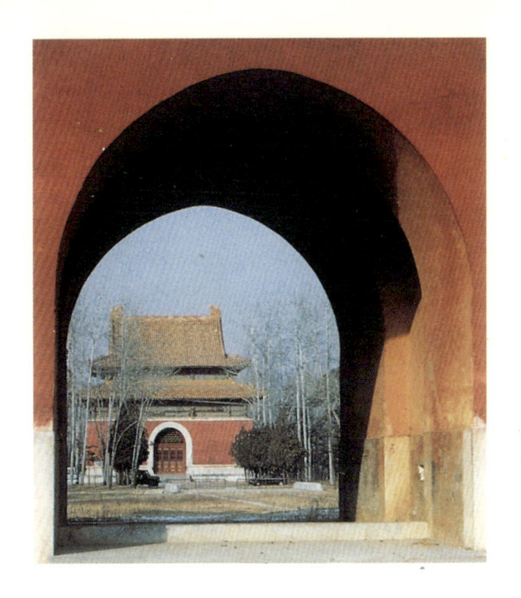

清泰陵圣德神功碑楼

由大红门远眺北面的圣德神功碑楼，美丽辉煌，端庄神秘，犹如进入神话境界。楼高30米，楼内立有巨型石碑，记述雍正帝生平功绩。

清西陵位于北京西南125公里处的易县永宁山下。陵区广阔，北起奇峰岭，南到大雁桥，东临燕下都，西止紫荆关，周长100公里。在这片山川秀丽的陵区内，分布着十四座帝后妃嫔、王爷、公主的陵寝。其中包括帝陵四座：雍正帝的泰陵、嘉庆帝的昌陵、道光帝的慕陵、光绪帝的崇陵；后陵三座：孝圣宪皇后(乾隆帝生母)的泰东陵、孝和睿皇后(嘉庆帝皇后)的昌西陵、孝静成皇后(道光帝贵妃，咸丰帝尊晋为皇太后)的慕东陵；妃园寝三座：泰陵妃园寝、昌陵妃园寝、崇陵妃园寝；此外还有公主、王爷园寝四座。

清西陵的总体布局与清东陵有所不同，东陵以孝陵为主陵，布局以孝陵为中心，其他各帝陵分列孝陵左右两侧，整个陵区轴线明确，主次分明。西陵虽然以泰陵为主陵，泰陵的规模也远在其他各陵之上，但总体布局却未以泰陵为中心，而是很明显地分成三个部分。泰、昌二陵及后妃陵位于陵区的中部，属于整个西陵最重要的部分。慕陵及其后妃陵位于陵区的西南部，距泰陵约6公里，自成独立的区域。崇陵及其后妃陵位于陵区的东北部，距泰陵约5公里，也自成独立的一区。三个部分既互相独立，又互为依托，若接若离，似断似续，串联成一个带状的陵墓组群。

泰陵系清西陵中修建最早、规模最大的一座帝陵，始建

泰陵平面图

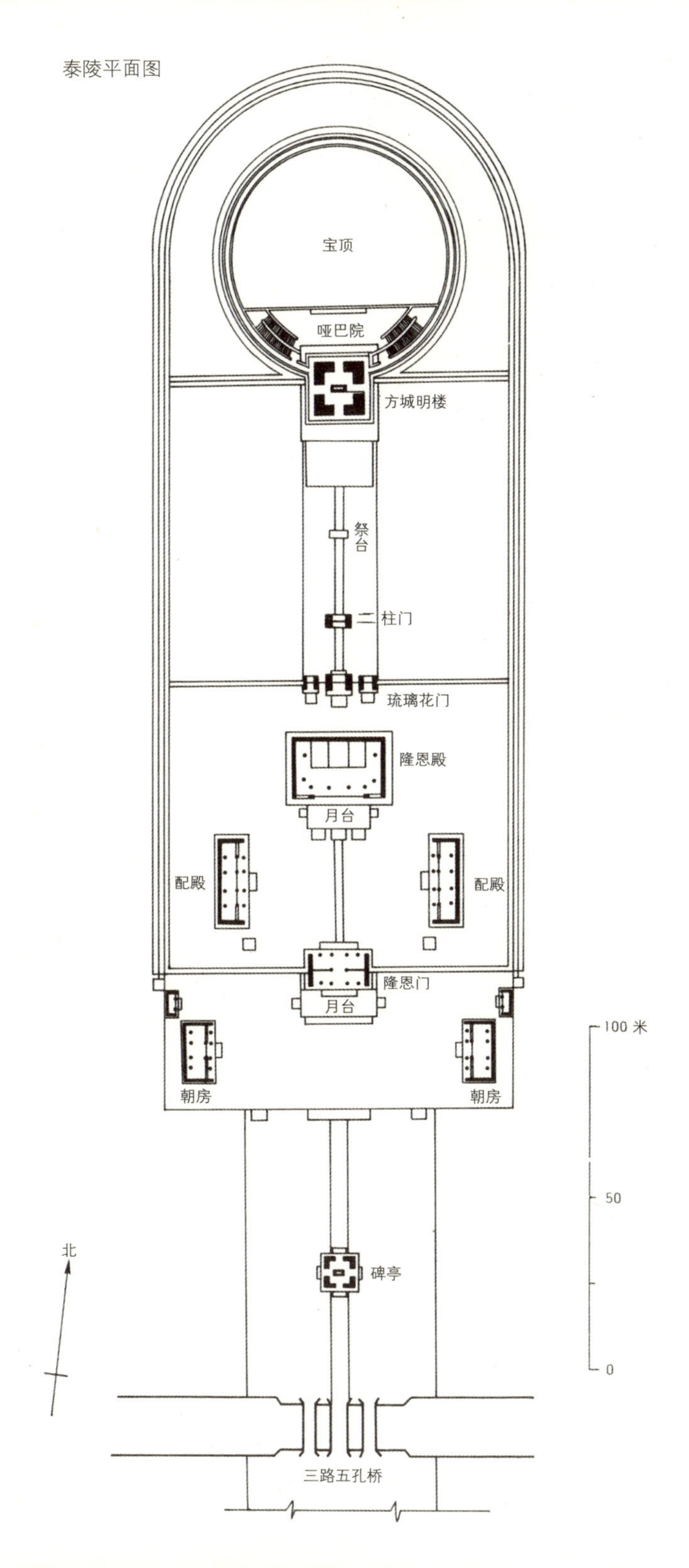
宝顶
哑巴院
方城明楼
祭台
二柱门
琉璃花门
隆恩殿
月台
配殿
配殿
隆恩门
月台
朝房
朝房
100 米
50
0
北
碑亭
三路五孔桥

清昌陵明楼与宝城

昌陵是嘉庆帝的陵寝，位于清西陵的宝华峪。通过方城两侧看面墙上的腰门，可进入宝城与罗圈墙之间的夹道。夹道内苍松参天，浓荫蔽日。由此仰视明楼与宝城，显得格外雄伟高大。

于雍正八年(1730年)，完成于乾隆二年(1737年)。长达2.5公里的神道纵贯泰陵南北，沿途建筑俨然，雄伟壮观。神道最南端为五孔石拱桥，桥北为一个大广场，广场北面是陵区的大门——大红门，广场东、西、南三面巍然矗立着三座高大的石牌坊。这是整个西陵中最为壮观的地方。石牌坊造型与明十三陵和清西陵的石牌坊相似，但三座石牌坊与大红门围成一个十分壮观的大广场，则是史无前例的。大红门内东侧设有坐东朝西的具服殿。沿神道往北是高达30米的圣德神功碑楼，四角立有华表。碑楼北面有七孔石拱桥，极其壮观。桥北为石象生群，布置有望柱及狮、象、马、文臣、武将石雕共五对。泰陵石象生采用大写意的手法，先以大线条勾画轮廓，再以线刻表现细节，体现了清代石雕的独特技巧。但清代中后期石象生的总体特点与风格是造型渐趋程式化，体态瘦小僵直，艺术水准已不如明陵；惟石象宝瓶体态丰满，神情安详，尚可称为上乘之作。由石象生群北行，绕过影壁山，穿过龙凤门，再行约2华里，即为神道北端的神道碑亭。碑亭以北便是陵园祭礼建筑区。此处神厨库、东西朝房、隆恩门、隆恩殿、东西配殿、焚帛炉、内红门、二柱门、石五供、方城明楼等一应俱全。最后是宝城宝顶及其外围的罗圈墙。

昌陵始建于嘉庆元年(1796年)，历时8年始告竣工。它紧傍泰陵西侧平行布置，除神道短于泰陵，神道南端不设石拱桥、石碑坊、大红门和具服殿之外，其他建筑布局均与泰

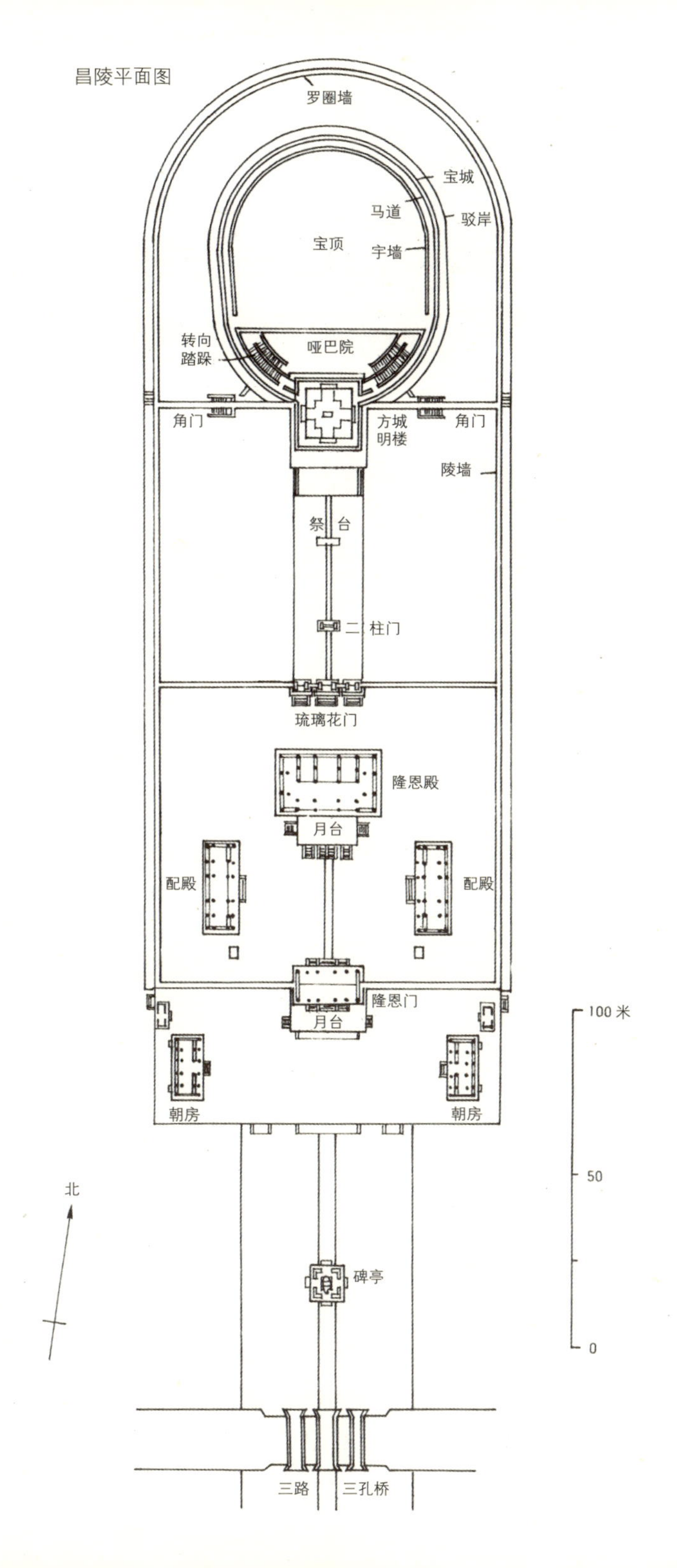
昌陵平面图
罗圈墙
宝城
马道
驳岸
宝顶
宇墙
转向
踏跺
哑巴院
角门
方城
明楼
角门
陵墙
祭 台
二 柱门
琉璃花门
隆恩殿
月台
配殿
配殿
隆恩门
月台
100 米
朝房
朝房
50
北
碑亭
0
三路
三孔桥

清崇陵隆恩殿

崇陵是光绪帝的陵寝，它是依照清东陵惠陵的规制建造的。宣统元年(1909年)兴建，至1913年才完工。因建成年代晚，外观犹新，是研究清代建筑的佳例。

陵相同。其状犹如雍正帝与嘉庆帝祖孙两人携手同行、相依为命，十分耐人寻味。

昌陵在建筑上的成就颇多，如圣德神功碑楼和隆恩殿较泰陵更为壮观；宝城宝顶较泰陵更高，地宫结构比泰陵更宏大，雕刻也十分精细，可能与乾隆帝的裕陵地宫类似(泰、昌二陵地宫至今幸未被盗掘过，上述推论是根据设计图样作出的)。最值得一提的还是昌陵隆恩殿的地面。它全部用边长62厘米的方形紫花石铺墁，这在清代所有帝陵中是独一无二的。紫花石又称豆瓣石，磨光烫蜡后不涩不滑，光亮如砥。石板呈黄色，面上有自然形成的各种紫色花纹图案，其状千姿百态，犹如满地宝石，堪称奇观。

慕陵始建于道光十二年(1832年)，历时4年建成。道光帝的陵寝原建于清东陵宝华峪，竣工后因地宫浸水，道光帝下令将陵拆除，改在西陵龙泉峪重建陵寝。慕陵的规制完全不同于其他帝陵，不设神道，也没有圣德神功碑楼、华表、石象生、方城和明楼，规模较小，形制比较简陋。据说这是道光帝为了显示自己的“节俭”而特意安排的。慕陵的陵名也是道光帝生前钦定的，他曾命子奕[讠宁](咸丰帝)面读硃谕：“敬瞻东北，永慕无穷，云山密迩，呜乎!其慕与慕也。”意为敬慕葬于东北的祖宗英明俭朴。咸丰帝继位后重读遗训，遂下诏，将道光帝陵名为慕陵。然而道光帝身为皇帝，所谓“节俭”终究只是表面文章而已。他的陵寝一拆二建，其耗费已较其他帝陵有过之而无不及。尤其是慕陵隆恩殿及其东西配殿，工程用料之高级、施工质量之坚固、装修雕饰之精细，均异乎寻常。三殿均采用金丝楠木构造，不施彩画，以蜡涂烫；门窗槅扇、天花、雀替等处全部雕有龙纹，大殿内外万龙聚汇，蔚成大观。据说道光帝认为，宝华峪陵寝地宫浸水是“云龙钻穴，龙口喷水”所致，所以建慕陵要把群龙请到天花板上，使之不能再往地宫喷水。慕陵地宫虽未浸水，却为后世盗贼所盗掘，这又岂能为道光帝所能始料!

崇陵是光绪帝的陵寝，也是中国历史上最后一座帝陵。崇陵始建于宣统元年(1909年)，清王朝灭亡时尚未建成，续建至公元1913年始告竣工。崇陵规模较小，没有神道、大碑楼和石象生，但具备较为完善的排水系统。明楼和内红门前均有御带河通向围墙之外，哑巴院内有泄水孔，大殿基部还有5尺宽的泛水，这都是集其他各陵的建造经验而修建的。

崇陵地宫是依照同治帝惠陵的地宫建造的，规模虽不宏大，但工料之精仍属可观。地宫内有一墓道，宽4.6米，长63米多。墓道后部的金券是地宫的主体，高9米，长12.25米，进深7.2米，内有白石铺成的宝床，光绪帝和隆裕皇后的棺椁就放在宝床上。地宫内共有四道石门，共八扇。每扇石门上均雕有菩萨立像一尊，高近2米，造型端庄，雕工细腻。

1938年，崇陵地宫遭匪徒盗掘，大量文物珍宝惨遭浩劫。1980年，考古工作者对崇陵地宫进行科学的清理，出土了劫后余存的珍贵文物近300件。目前崇陵地宫已随同地面建筑一起供游人参观。

清西陵是我国古建筑宝库中一颗灿烂的明珠，是研究清代建筑、艺术和历史的学术课堂。它正以丰富的历史遗产和独特的自然景观迎接前来参观的国内外宾客。

中国古建筑之美

·帝王陵寝建筑·

地　下　宫　殿

- 秦　陵
- 宋　陵
- 清　陵
- 南朝陵
- 唐　陵
- 明　陵

中国人素有“慎终追远”的思想，“事死如生”，因此自古即为死者构筑坟冢。而贵为天子帝王，更为其身后所居的陵寝耗费心力。由商、时期的不封不树，秦、汉的高大封土，唐代的因为陵，到明、清的宝城宝顶及其庞大建筑群，历数千年的演变，帝王陵寝至明、清两代发展到最烂的境界，形成现有规制。除了地面建筑之外，有宏伟、神秘的地下宫殿，惜多已遭盗毁或未发。本册以时代为骨干，分别介绍秦、汉、南朝、、宋、明、清诸帝陵，按陵寝建制介绍。明、清代帝陵更依陵园前的石牌坊、神功圣德碑楼、道及石象生、棂星门(清亦称龙凤门)、祾恩门、恩殿(清代称隆恩门、隆恩殿)、方城明楼、宝城顶等次序，由外而内展现帝王陵寝建筑的华美风，一睹帝后之家的身后世界。

秦始皇陵兵马俑

陕西临潼县

1974—1976年，于秦始皇陵外围墙东方约1公里处发现三座土木结构的兵马俑坑，均为陪葬的地下建筑。其中以1974年3月所发现的一号俑坑最大，东西长230米，南北宽62米，深约5米。各坑内整齐地排列着形同真人真马大小的彩绘陶俑、陶马和木车等，呈严整的军阵场面，象征着保卫秦始皇陵的宿卫军，气势磅礴，慑人魂魄。兵俑面容栩栩如生，表情生动，身上服饰亦十分写实，充分表现出秦代工匠巧妙的手艺。马俑则均为神骏马驹，昂然傲视，造型活泼。兵马俑被誉为世界第八大奇迹，足见其宏伟气势。

南朝陈文帝永宁陵石雕麒麟

江苏南京

陈文帝陈蒨永宁陵位于南京市郊甘家巷，陵前一对石兽均保持完好。图为陵前西侧的石麒麟，长3.2米，高3.1米，目瞠口张，形态嚣戾。四足紧抓地面，兽首昂然向天，身上雕饰犹如惠草，极富装饰性。这是南朝石雕中的代表作之一，反映了南朝石雕已经从汉代石雕古拙凝重的风格中解脱出来，正向着矫健奔放的风格发展。其造型栩栩如生，活跳欲出，十分生动。

南朝齐景帝修安陵石雕麒麟

江苏丹阳市

经过三国时代的战乱，南北朝时得以稍事休养，尤其南朝诸代偏安鱼米之乡的江南，更形富庶，陵墓建筑也得以复苏。在陵墓建筑及装饰上，南朝帝陵及宗室王侯墓前列置石雕可能是一种定制，通常是三种六件：石兽一对、神道石柱一对、石碑一对；惟石兽稍有差别，帝陵前使用天禄、麒麟，王侯墓前则用狮子。齐景帝陵前的一对石兽保持完好，东为天禄，西为麒麟。麒麟身长2.9米，高2.42米，头高昂略向右转，瞠目张口，突胸耸腰，神态威武非凡。双翼及臀部雕有卷云和翎，装饰性极强。

唐乾陵全景

陕西乾县

乾陵是唐高宗李治(650—683年在位)与女皇帝武则天的合葬墓，位于乾县北方6公里的梁山上，距西安80公里。乾陵因山为陵，以梁山主峰作为封土，陵墓入口在梁山南坡，全部填砌石条，并以铁栓联结、铁水浇灌，坚固异常，因此至今未被盗掘。陵园规模宏大，设有长方形内、外城墙两道，并有宏伟的献殿。乾陵于陵园南门外始设绵长的神道，两侧分置石象生。这一创制，首开中国帝陵设置神道和石象生的先河，在帝陵发展史上具有划时代意义。

唐乾陵“番臣”像

陕西乾县

乾陵南门外东、西两侧设有“番臣”像60尊，石像均为圆雕，高约1.4～1.6米，身着武士袍，腰束宽带，足蹬皮靴，双手作抱笏状。今石像头部全毁，但依残存雕刻，石像概为西域的中亚细亚人。这些石像是来长安参加高宗葬礼的“番邦”首领，武则天为夸耀盛威，遂刻为石像。它们象征着唐朝的国威，以及中央政府与边疆地区少数民族及中亚各国的友好关系，有的石像身后并刻有国名、官职和姓名，以示其身份地位。

唐永泰公主墓壁画《侍女图》

陕西乾县

乾陵东南有17座王公大臣的陪葬陵墓，现已发掘了永泰公主李蕙仙、章怀太子李贤和懿德太子李重润、中书令薛元超、右卫将军李瑾行等五座墓，其中以永泰公主、章怀太子和懿德太子三墓最为著名。三墓早年均曾被盗，近年经整理后已对外开放。三墓中均出土许多珍稀文物，并有大量壁画。这幅《侍女图》中五女二男分成两行，手执烛台、香烟、团扇等物徐徐行进，神情优雅娴静，充分表达了公主寝宫中安恬的生活气氛。

唐顺陵石狮

陕西咸阳

顺陵是孝明高皇后(武则天生母)的陵墓，位于咸阳市韩家村。据文献记载，孝明高皇后卒于高宗咸亨二年(671年)，以王礼葬咸阳，初称杨氏墓，后相继追称，而改为顺陵。顺陵地面建筑已毁，今仅余少数石雕，尤以陵前的独角兽与石狮最为出色。图中狮子体型肥壮丰腴，比例匀称，狮首高昂，双目怒瞠，眺视着前方，似有所动作，造型生动逼真，是盛唐石雕中的佳作之一，也是现存唐代石刻的珍品。

宋永定陵石人石马

河南巩县

巩县位于河南省中部，位于历史名城开封与洛阳之间，北临黄河、南依嵩山，地势南高北低，北宋八陵修建于此。各陵建制大体相同。均有石象生、文武官员、石客使等。图为永定陵石人石马，石马名仗马，石人则为控马官。设置仗马和控马官是宫廷大朝的礼制在陵寝建制上的反映。一匹仗马配有两名控马官，三件石雕构成一组，造型之奇特为其他帝陵所少见，颇耐人寻味。

宋永定陵
石雕镇陵将军

河南巩县

北宋诸陵神道的石象生雕刻手法各有不同，早期纹饰较粗，近似唐代风格，中期以后则日趋精巧，日益细腻。图为永定陵石雕之镇陵将军。镇陵将军是神道两侧石象生的排头兵，石雕身躯高大，形象威武，头戴盔冠，身披战甲，手执斧钺，圆脸大眼，目不斜视，忠诚地守卫着陵园的大门。雕刻技术纯熟，形象十分写实，并能生动地刻画出人物的身份和地位，足见宋代帝陵石雕艺术的高度发展。

宋永定陵浮雕瑞禽

河南巩县

北宋八陵形制大体相同，陵台四周的神墙中间均设神门，南神门中轴线外设神道，两侧排列着雄伟的石刻群，由北向南依次为传胪、镇陵将军、跑狮、朝臣、羊、虎、马及马童、麒麟、石屏瑞禽、象和象奴、石柱等。永定陵的石雕是北宋八陵中保存最完整的，属于北宋中期石雕，雕功较早期细腻，比例良好。图为一块圆头方脚石碑上的浮雕，瑞禽造型独具一格，马首龙身，马足雀尾，背有双翼，呼之欲出。整块浮雕刀法细致，生动别致，情趣盎然。

宋永定陵全景

河南巩县

宋真宗在位26年(997—1022年)，乾兴元年十月崩，陵址则设于巩县芝田镇附近。永定陵坐北朝南，地势南高北低，由阙台至北神墙，总进深不到600米。陵台(地宫的封土)为方形，四周设方形神墙，正南则置神道。神道两侧置石望柱及石象生十六对，门阙内外另设门将、内侍各一对。众多的石象生整齐地排列于神道两侧，使规模虽不如唐朝帝陵宏大的宋陵，仍有庄重肃穆、威严神圣的感觉。

宋永定陵夕照

河南巩县

北宋各帝陵集中于巩县附近，埋葬北宋九个皇帝中徽、钦二帝以外的七个皇帝，以及宋太祖的父亲赵宏殷，合称“北宋八陵”。八陵皆坐北朝南，面对嵩山，背临黄河，周围并环绕许多后陵及陪葬墓。永定陵是北宋第三代皇帝真宗赵恒的陵墓，是北宋八陵中保存较完整的陵墓建筑，具有一定的代表性。图为永定陵夕照，落日的余晖为永定陵石象生群勾勒出一片美丽的剪影。此时此地，神秘与宁静伴生，肃穆及壮丽共存，令人叹服古人驾驭环境的艺术魅力。

宋永定陵石雕文臣像

河南巩县

宋朝帝陵造像的雕刻精美、纹饰讲究，由石刻中可清楚看出。图为宋永定陵石雕文臣像，位居神道中跑狮之后。文臣双手执笏，方脸大耳，头冠朝帽，身着朝服，立于神道两侧。雕刻家运用圆雕与线刻相结合的手法，塑造了文臣丧帝后的悲恸神情，文臣双唇紧抿，两眼无神，形象极为逼真生动。由这些神道石刻，充分显现宋代石刻已摆脱神秘气息，开始展现现实生活的手法，反映了宋代的艺术创造力与北宋石刻艺术的完整体系。

明孝陵神道及石象生

江苏南京

明孝陵位于南京紫金山西峰(玩珠峰)下独龙阜，是明太祖朱元璋与皇后马氏的合葬墓，结合地形而迂曲转折的神道为其特色。神道起自卫冈之下马坊，后转而西折，即可见对峙道旁、形体硕大的石象生，共计狮、獬豸、骆驼、象、麒麟、马六种，每种立一对、跪一对，共计十二对，另有文臣、武将四对。这些石象生造型生动，比唐、宋诸陵的石象生体态更为壮观，其中尤以象和骆驼最为宏大，是明初石雕艺术的代表作。

明孝陵大金门

江苏南京

孝陵建于明太祖洪武十四年至十六年(1381—1383年)，陵址与陵制皆太祖自定，其总体布局在唐、宋诸陵的基础上又有新发展，成为其后明、清两代帝陵的蓝本。由下马坊向西北行数百步，即至大金门，由此陵区红墙周匝兆域，长达45里，西抵城垣，东至灵谷寺。大金门是孝陵大门，设门券三道，原为单檐歇山顶，饰琉璃瓦，但已坍毁，今只余三个门洞保存尚好，透过门洞，仍可想见孝陵宏大的规模，与今日荒烟蔓草相比，令人欷歔。

明孝陵四方城碑

江苏南京

由孝陵下马坊往西北走约755米后，过大金门，再往北80米，即达神功圣德碑楼，但因碑楼顶部已经坍毁，今只剩四壁围墙和内洞，因此当地居民俗称之为“四方城”。四方城内有保存完好的巨型石碑一通，高达8.78米，为明成祖朱棣所制。碑文共计二千七百余字，以工整的楷书撰写，是明成祖为颂扬太祖朱元璋的功绩而作。碑称“大明孝陵神功圣德碑”，是中国古代巨碑之一，立于荒凉的四方城中，更显出其巍然、威武之姿。

明十三陵石牌坊

北京昌平区

十三陵位于北京市北45公里的昌平区天寿山南麓，以最南端的石牌坊为陵区总入口。石牌坊建于世宗嘉靖十九年(1540年)，为五间六柱十一楼式，坊宽28.8米，高14米，是中国现存最古老的石牌坊。全部以汉白玉雕成，通体洁白晶莹、端庄秀丽。六根大石柱立于石基上，夹杆石表面浮雕云龙，上部前、后刻有圆雕石狮、麒麟。额坊上覆庑殿顶，两旁有夹楼。各式雕饰形象生动活泼，刀法浑圆有力，显示明代石雕艺术的特点。

明十三陵大红门

北京昌平区

大红门是十三陵的大门。整栋建筑以砖、石砌筑，上覆单檐庑殿顶，饰黄琉璃瓦。其下开三个拱券门洞，是进入十三陵陵区的必经之路。建筑形象朴实无华，造型端庄，红墙、黄瓦在蓝天、翠柏的衬托下显得分外美丽，远远望去，犹如神话中通向天界的南天门。大红门外东、西两侧设有下马碑，以汉白玉石做成，上刻“官员人等至此下马”，以示明代帝陵的神圣庄严。

明十三陵神功圣德碑楼与华表

北京昌平区

碑楼位于大红门以北的神道中央，平面为正方形，四面正中开辟拱券门洞，上覆重檐歇山黄瓦顶，形体宏伟壮丽。楼内置巨型石碑，碑文长达三千五百余字，乃仁宗撰文，明代著名书法家程南云所书。碑楼外四隅各立有汉白玉石华表一座，华表顶饰石兽与盖盘，柱身上端插有云板，柱身通体雕饰云龙，龙身盘绕石柱，造型生动，雕刻精美。华表与碑楼在体型与色彩上互成对比，相映成趣，在严峻的帝陵建筑中独树一帜。

明十三陵神道及石象生

北京昌平区

于陵前设石象生，乃起源于两千多年前的秦代，以后各代均置，但在种类及数目上略有不同。秦、汉陵多置麒麟、辟邪、象、马等；唐代诸陵则设狮子、马、牛、玄鸟、文臣、蕃臣等；北宋八陵排列象、麒麟、马、羊、虎、狮、瑞禽、文臣、武臣等雕件；明孝陵则设六种动物；明十三陵基本上仿照孝陵，但多设立四座功臣石象生。图为出碑楼向北远眺，可见悠长的神道通向北方。十八对石象生以平面为六边形的左、右两根望柱为前导，整齐地排列在神道两侧，组成一队十分威严壮观的仪仗。

明十三陵神道石象生——骆驼

北京昌平区

十三陵神道上共立有石兽六种十二对，依次为：四狮子、四獬豸、四骆驼、四象、四麒麟、四马，皆二蹲二立。图为神道中的立骆驼，体量巨大，通高2.90米，长3.90米，宽为1.10米，座长3.25米，宽1.60米。而其轮廓准确，形态自然，模样栩栩如生。骆驼昂然而立，表情安详，身体比例匀称，结构合理，丰腴之中可见其美挺之貌，是中国各代帝陵神道石象生中的佳作。

明十三陵神道石象生——立象

北京昌平区

十三陵石象生数量之多、形体之大、雕刻之精、保存之好，是其他帝陵中少见的。这些石象生体积庞大，姿态生动，都是以整块石材雕成，均为巧夺天工的艺术品。图为神道上的立象，高3.25米，长4.30米，宽1.55米，座之长、宽则分别为4米及1.85米，体形之硕大，由此可见一斑。象鼻低垂，两眼凝视前方，象耳则柔顺地平贴头部，整体造型写实，比例匀称，虽为明代初期作品，却可见其圆熟的技巧。

明十三陵神道石象生——武将

北京昌平区

石像古称“翁仲”，据传，秦朝有位名叫阮翁仲的大将，此人身长过人，力大无比，曾驻临洮(今甘肃岷县），镇服匈奴有功。在他死后，秦始皇为了纪念他，便铸造阮翁仲铜像。立于咸阳宫司马门外。此后，人们即将铜像、石像通称为“翁仲”，并置之于陵寝神道上。十三陵神道左、右共设武将四名，武将雄姿英发，威武庄严，凛然屹立，有不可侵犯之容。身上战袍花纹细腻，线条清晰，极为写实。

明十三陵神道石象生——文臣

北京昌平区

在帝陵神道上放置文、武、功臣等石象生，乃象征文武百官，以示帝王仍存有的权威。十三陵神道上共有文臣两对，均以整块石头雕刻而成，高3.2米，宽1.15米，座长1.25米，宽1米，体量硕大，以象征拱卫帝王之意。文臣面带微笑，神态慈宁安详，和蔼可亲，手捧笏板，恪守礼仪。衣袖褶纹飘逸，柔美舒展，深浅适中。表情生动，无雕饰之迹，是不可多得的佳作。

明十三陵神道石象生——勋臣

北京昌平区

十三陵神道上的十八对石象生中，有十二对石兽排列在南段，六对文臣、武将等则排列于北段神道。这些石象生是明宣宗宣德十年(1435年)整修长陵时所雕凿，威武雄壮的石象生群有强化帝陵神道威严气势的功用。图为北段神道的功臣石象生，高3.2米，宽1.5米，座长、宽分别为1.3米及1.02米。功臣亦双手执笏捧于胸前，冠服齐整，神情安详，笑容可掬，大有中国士大夫谦谦君子之风。

明十三陵长陵祾恩门匾额及天花

北京昌平区

长陵是明成祖朱棣的陵寝，始建于成祖永乐十一年(1413年)，永乐二十二年竣工，是明十三陵中规模最大、最早建成的一座帝陵，也是明陵的典型。进入长陵陵门，便是祾恩门，祾恩门面阔五间，单檐歇山顶，立于单层白石台基上。台基四周设汉白玉栏杆及螭首，前、后并设三座踏跺。祾恩门门洞上方高悬红框、青底金字匾额，天花及梁枋亦以青绿为底，满饰旋子彩画，图案沥粉贴金，整体效果十分壮丽。

明十三陵长陵祾恩殿

北京昌平区

祾恩殿是长陵的主殿，大殿面阔九间，仅比北京故宫太和殿少两间，但宽度达66.75米，比太和殿还宽；进深五间，达29.31米，是中国古建筑中规模最大的殿堂之一。大殿坐落在三层须弥座台基上，上覆黄琉璃瓦重檐庑殿顶，这种形制在中国古建筑中属于最高等级。两庑配殿原为十五间，今已不存。祾恩殿原名享殿，是举行祭典之处，明世宗嘉靖十七年(1538年)躬祀天寿山，而将享殿改为祾恩殿。长陵祾恩殿建筑宏伟壮丽，是中国古建筑中最精粹的作品之一。

明十三陵长陵方城明楼

北京昌平区

明楼建于砖砌的方城台上，城台前有石供台，设置石刻的香炉一个、烛台两个、花瓶两个，称为五供，是祭祀的供具。方城下有甬道，可以由甬道顶端两侧的隧道踏垛登上明楼。明楼平面呈方形，宽为34.76米，高14.78米，重檐歇山顶，斗栱下层七踩，上层九踩。上开四门，其中竖立石碑，镌刻“大明成祖文皇帝之陵”。明楼之后为黄土堆成的高大宝顶，是帝王的坟冢。宝顶周围筑有长约1公里的城墙，土丘上松柏成荫，掩蔽其下的地宫。方城明楼则是通往地宫的要道。

明十三陵长陵方城明楼与二柱门

北京昌平区

长陵坐北朝南，共三进院落：陵门至祾恩门为第一进院落，祾恩门至内红门为第二进院落，内红门以北为第三进院落。图为自内红门望二柱门及方城明楼，方城明楼是第三进院落的主体建筑，高大端庄，与小巧绚丽的二柱门互为对比，相互辉映。二柱门柱上各立一石兽，造型精巧，两柱间覆黄琉璃瓦顶，下饰斗栱及彩画。蓝天、白云、古树、繁花作为二柱门与方城明楼的衬景，恰似一幅绝佳的风景绘画。

明十三陵献陵方城明楼与二柱门

北京昌平区

献陵是明仁宗朱高炽的陵寝，仁宗在位仅一年，称帝后生活并不十分奢侈，崩殂前曾有遗诏，要求从俭建造陵寝，因此献陵是明十三陵中规模较小、建制较简朴的帝陵。献陵祾恩殿已毁，仅内红门及方城明楼基本上尚称完好。但在祾恩殿与内红门间隔有一座小山，显然是在建陵时为了不伤山水“龙脉”而留下来的。图为献陵方城明楼及二柱门，明楼檐部已稍有毁损，二柱门则只剩两根半截石柱，但建筑的端庄和美丽却依然予人强烈的感受。

明十三陵景陵全景

北京昌平区

十三陵是明代诸帝的陵寝，除太祖朱元璋葬于南京孝陵外，其余多葬于北京附近，成一个统一的陵区，但各陵各建于一个小山之下，各为一个独立单位。景陵是十三陵中第三座帝陵，为宣宗朱瞻基的陵寝。图为由祾恩门北望，祾恩殿早已全毁，只余单层台基、三座踏跺及丹陛石，丹陛石上刻饰两条云龙，雕工细腻，仍清晰可见。祾恩殿遗址后有内红门、方城明楼，建筑层层叠叠，其后高耸的山峰如依托的屏风，整座陵园呈现出宁静安谧、壮丽悦目的景象。

明十三陵泰陵方城明楼

北京昌平区

泰陵是明孝宗朱祐樘的陵寝，为十三陵第六座帝陵。泰陵建于史家山下，因孝宗生前颇好文墨，其臣僚遂将泰陵后的山峰称为笔架山，并将山前原有的一泓小泉称为墨水壶。图为由泰陵内红门北望，走入内红门，迎面而来的是两根巍然矗立的白石门柱，门柱上依稀可见门檐残迹。其后为石制五供台，其上五供早已不见去向。方城明楼面对五供台，重檐顶依稀可辨，明楼红漆则已斑驳，露出砖石之迹，益显方城明楼的神秘气息。

明十三陵永陵祾恩殿前丹陛石

北京昌平区

永陵为明世宗朱厚熜的陵寝，是十三陵中规模最大、形状最豪华的帝陵之一，其地面建筑之精美不亚于明长陵。十三陵所使用的石材数量极为惊人，且种类繁多，图为永陵祾恩殿前丹陛石。永陵祾恩殿早已遭焚毁，仅余台基，台基中央的丹陛石雕饰精美，在十三陵中当属首屈，为明代中期石雕艺术的代表作。祾恩殿台基后可见方城明楼，乃由青石砌筑，十分坚固，至今未见丝毫毁损。由丹陛石前北望，可见永陵宏伟的不凡气势。

明十三陵定陵方城明楼

北京昌平区

定陵是明神宗朱翊钧的陵寝，也是十三陵中最豪华的帝陵之一。位于天寿山西侧大峪山前、昭陵东北一里处。定陵的明楼与其他各陵式样相同，重檐歇山顶，方形，上开四门，顶覆黄琉璃瓦，正中竖碑一通，上刻“大明神宗显皇帝之陵”。定陵明楼系由青石砌筑，其上额枋、斗栱亦均为石材仿木雕成，再施以彩绘，因此仍保存至今，丝毫未受毁损。雄伟的明楼屹立在高大的方城之上，显示着帝王的至尊与威严。

明十三陵定陵地宫前殿门罩

北京昌平区

地宫是放置帝王棺椁的墓室，定陵地宫内葬有神宗及其两位皇后。定陵地宫依前朝后寝布局，共分前、中、后、左、右五个殿堂，总面积1195平方米，全部为石结构，并辟拱券形门罩。前、中殿联结起来形成一个长方形的甬道，后殿则横在顶端。图为定陵地宫前殿门罩，系以汉白玉石雕琢而成，十分精美。门罩上部有庑殿顶，檐下有匾与椽联结，匾内无字。门罩下部设须弥座，雕刻精美。定陵地宫是近年来有计划发掘的第一座皇陵，为明代历史提供了许多珍贵的实物资料。

明十三陵定陵宝城

北京昌平区

定陵始建于神宗万历十二年(1584年)，万历十八年完工，其地面建筑多已倾毁，仅方城明楼与宝城留存至今。宝城居陵园的最后部分，由城墙围作圆形，城墙内径216米。宝城前方与方城明楼相接，宝城以内是宝顶，宝顶之下即为埋葬帝后的地宫。宝城城墙全部以砖砌成，磨砖对缝，不露灰浆。城墙高7.32米，底宽6.6米，顶部宽6.18米，墙外侧设垛口，内置矮墙，顶部铺砖。墙顶广阔，可以行走，与其后诸山相映衬，更增添其雄伟气氛。

明十三陵庆陵方城明楼侧景

北京昌平区

庆陵原是代宗朱祁钰为自己营建的陵墓。明正统十四年(1449年)英宗率部众亲征瓦剌，不幸于土木堡兵败被俘，其弟朱祁钰遂代之为帝，并营造陵寝。7年后早已被释并被尊为太上皇的英宗发动夺门之变，代宗被废并被勒死。代宗逝后以王礼葬于北京西郊的金山，其原筑陵寝则废之不用。等到神宗崩逝后，其子朱常洛即位，却不幸在位不满一个月即崩，陵寝未及修筑，即以代宗原修建之墓为陵寝，成为今日所见之庆陵。图为庆陵方城明楼，建筑形制多已毁倾，只余残迹而已。

清永陵鸟瞰

辽宁新宾县

永陵位于新宾县永陵镇北方，是清太祖努尔哈赤的祖陵，始建于明神宗万历二十六年（1598年）。与关内或其他帝陵相比，永陵陵园规模较小，但布局井然有序，轴线分明。入口的正红门在前，面阔三间，两坡硬山顶。其后的四座碑亭和启运殿是前、后两院的主体建筑，碑亭内分别放置清肇祖、兴祖、景祖、显祖的石碑。陵园周围佳树成荫，永陵犹如绿色大地上一颗金色的明珠，在主次分明的严谨布局中，也可看出永陵端庄、简洁的艺术特点。

清福陵下马碑

辽宁沈阳

福陵位于沈阳市东北11公里的天柱山麓，是清太祖努尔哈赤和孝慈皇后叶赫那拉氏的陵墓，又名东陵，是清初的关外三陵之一。福陵前临浑河，后倚天柱山，是独具风格的帝王山陵。福陵南面正中为正红门，门前两侧则分布下马碑、石狮、华表和石牌坊等。图为正红门外下马碑，四柱冲天，柱头原各立有一尊石兽，石兽小巧，造型生动，今则只剩两只蹲踞。碑上刻有"往来人等至此下马，如违定依法处"，两旁并镌刻满文，以示昭戒。

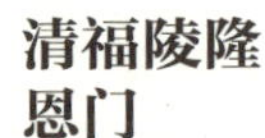

清福陵隆恩门

辽宁沈阳

隆恩门在福陵神功圣德碑楼北方，是城堡式方城的入口，方城则是陵园的主体建筑，四周设角楼。城楼立于高大的城台之上，面阔五间，进深三间，高三层檐，建筑雄伟而壮丽。隆恩门城台设垛口数个，兼具防守及装饰等作用，其下开拱券门洞一个，是进入方城的主要通道。其上的三层城楼凌空矗立，气势宏伟。城楼为重檐歇山顶，檐下饰斗栱，梁枋则满绘旋子彩画，富丽堂皇。由隆恩门可达主殿隆恩殿。

清福陵隆恩殿全景

——辽宁沈阳

福陵是清太祖努尔哈赤的陵寝，主体建筑位于山腰，川萦山拱，万松参天，形势雄伟，整体感觉幽深静肃。其整体建筑红墙黄瓦，增加了深远的空间层次感。图为自隆恩门门洞看隆恩殿，可见殿前广庭及左、右两座配殿。隆恩殿巍然屹立，象征帝王的至尊无上，为祭祀所在，其内供奉神主牌位。隆恩殿后为明楼，中立"太高祖皇帝之陵"石碑，左、右翼则有角楼护卫。整体建筑采轴线对称布置，气势恢宏。

清福陵隆恩殿

辽宁沈阳

隆恩殿面阔五间，为黄琉璃瓦单檐歇山顶建筑，立于单层白石台基之上，台基上设三道踏跺，中央并置有一雕龙丹陛石。台基周围有石栏杆环绕，隆恩殿本身则设周围廊，檐下饰青绿色彩画，装饰典雅。殿前有开阔广庭，广场上以青石铺地，可突出隆恩殿至尊的地位。隆恩殿左、右并设配殿，均为七开间建筑，但台基比隆恩殿低平，且不设栏杆，装饰亦较简朴，借以突显正中隆恩殿的重要性。

清福陵哑巴院

辽宁沈阳

福陵是清朝第一代皇帝的陵寝，因此建筑布局独具特色，与明陵不同，与入关后所兴建的东、西陵也略有差异。哑巴院是方城与宝顶之间的一个封闭性小院，宝顶前方月牙形挡土墙叫月牙城，月牙城正中琉璃影壁下方即为地宫的入口。图左侧为方城门洞，由此可通向隆恩殿等前方建筑，前方则为重檐十字脊的角楼。

清昭陵石牌坊夹杆石兽

辽宁沈阳

昭陵为皇太极逝后安葬之陵，其布局与福陵大致相同。石牌坊位于昭陵正红门入口处，建于仁宗嘉庆六年(1801年)，是以青白石仿木结构而成，为三间四柱七楼式。雕工极为精细，檐下斗栱完全采用透雕手法雕成，犹如木制，额枋上布满高浮雕云龙、花卉图案，异常生动，是一座巨型的石雕珍品。其下有四对夹杆石狮，相背而蹲，石狮造型生动，两眼凝视前方，口张目瞠，颇具威严之势，护杆而立，有镇陵之意。

清昭陵坐麒麟

辽宁沈阳

昭陵位于沈阳市区北郊，因此又名北陵，是清太宗皇太极和孝端文皇后博尔济吉特氏的陵寝，也是清初关外三陵中规模最大的一座陵。昭陵始建于太宗崇德八年(1643年)，是年八月太宗崩殂，世祖顺治元年(1644年)八月将之安葬昭陵。顺治六年孝端皇后驾崩，次年二月与太宗合葬于此。不久并在陵内增加若干石兽与擎天柱、望柱等。图即为当时增置的坐麒麟，造型精巧，模样栩栩如生，表情生动，是雕刻上品。

清昭陵正红门

辽宁沈阳

正红门位于石牌坊之后，是昭陵的正门。整体造型为三洞拱券砖结构，单檐歇山黄琉璃瓦顶，周围饰红粉墙，门洞券脸则由雕花石券装饰。正红门建在低矮的须弥座台基上，周围栏杆也较矮小，造型小巧玲珑。门两翼设有蟠龙琉璃照壁，形象生动，为入口带来不少生气。入正红门即为神道，设华表两对、石兽十二只、大望柱两根，均两两相对，所有规制大致与福陵相似。

清昭陵角楼斗栱

辽宁沈阳

昭陵是清初第二代皇帝皇太极的陵寝，皇太极是太祖努尔哈赤的第八子，生于1592年，是一位杰出的政治家与军事家。皇太极于1626年继努尔哈赤为汗，翌年建元天聪，1636年称帝，国号大清，并改元崇德，完成统一东北的大业，崇德八年崩逝，葬于昭陵。昭陵占地45万平方米，是关外诸陵中规模最大且保存最完整的帝陵。陵园以城堡式方城为主体建筑，四周设角楼，图为角楼斗栱。斗栱设色鲜丽，装饰华美，是中国古建筑中精美的艺术品。

清昭陵隆恩门

辽宁沈阳

隆恩门是城堡式方城的入口，高三层，面阔三开间，立于高大的城台之上。城台上方设垛口，下开券门，券脸饰海浪波纹，门额左、右各刻饰升龙一条，中门的门匾上以汉、满、蒙三种字体镌刻“隆恩门”字样。昭陵隆恩门与福陵隆恩门结构大致相同，装饰亦大同小异，城楼檐下饰青绿色彩画，历经数百年风雨的冲刷，已有剥落的痕迹，但仍可见出原有的华贵气质。瓦当滴水均烧制龙纹，在阳光之下金光闪耀，充满皇家之风。

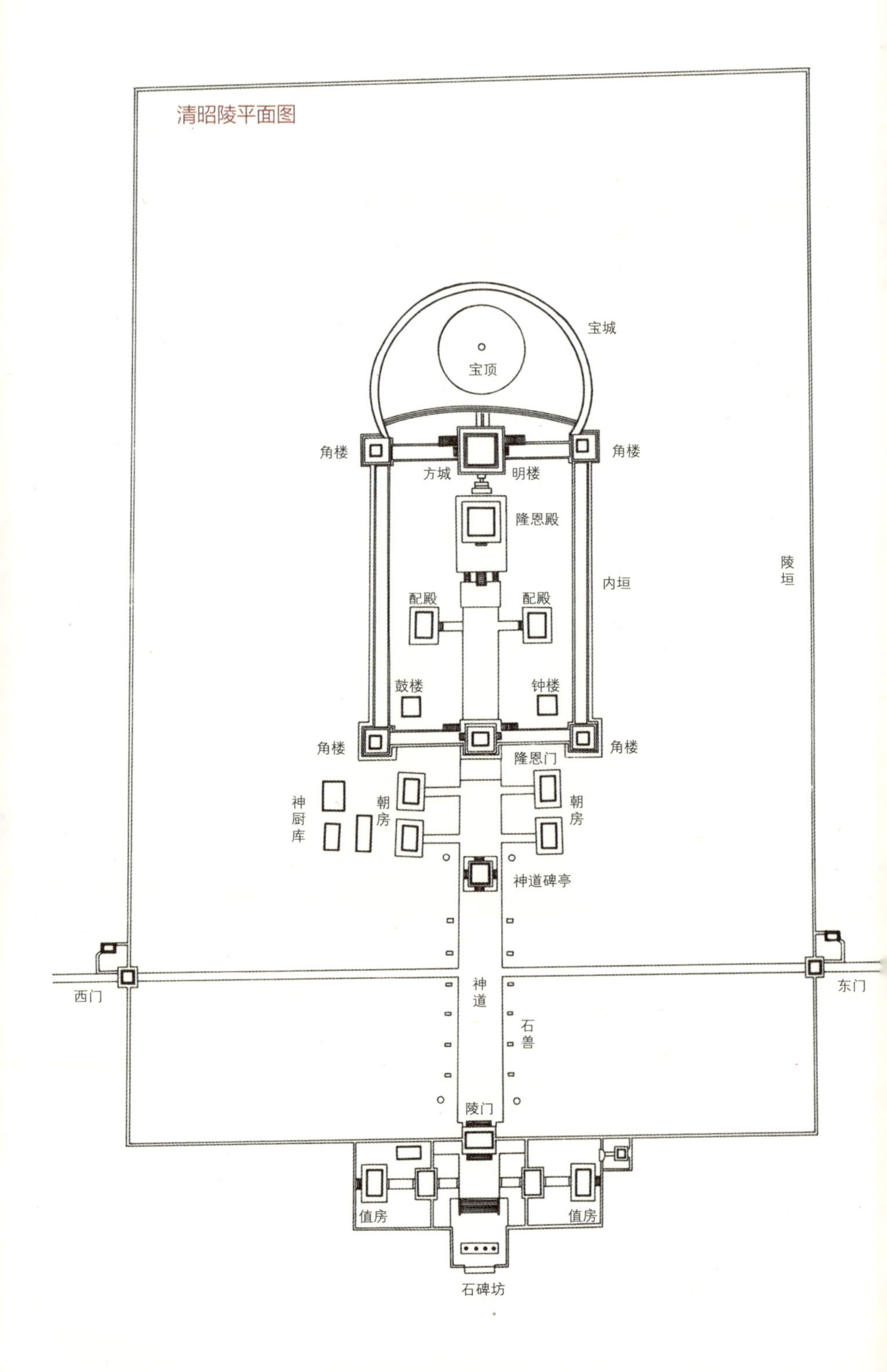
清昭陵平面图
宝城
宝顶
角楼
角楼
方城
明楼
隆恩殿
内垣
陵垣
配殿
配殿
鼓楼
钟楼
角楼
角楼
隆恩门
神厨库
朝房
朝房
神道碑亭
西门
东门
神道
石兽
陵门
值房
值房
石碑坊

昭陵位于辽宁省沈阳市北郊，为清太宗皇太极之陵。昭陵始建于清崇德八年(1643年)，竣工于顺治八年(1651年)。昭陵是清初关外诸陵中规模最大、保存最好的陵寝，当地民众称北陵。

昭陵总面积达450万平方米，其陵地绕以围墙两重，外墙南面正中辟门，门外为牌楼及值房数间。门内为神道，两旁列华表及走兽共7对；其北正中为碑亭，亭北两旁又列华表一对，又北为朝房，东西各二间，又北则内垣，南面正中为隆恩门。内垣制如城墙，上施垛堞，隆恩门制如城门，城墙四隅建角楼，方城明楼则与隆恩门遥相对立。隆恩门之内，左右有钟鼓楼，更北为东西配殿，正北居中则为隆恩殿，殿后为方城明楼。内墙北壁之外为圆城宝顶，但圆城之前、方城明楼之后，有新月形小院，称哑巴院。宝城之后，土山回抱，为人造假山，即所谓隆业山。

昭陵的石雕精细传神，具有相当的艺术价值。其中正红门外三门四柱三楼式青石牌坊系嘉庆六年(1802年)增建，雕工精细，剔透玲珑，斗栱雕琢犹如木制，额枋上满布花卉卷草、云龙戏珠等高浮雕图案，异常生动，是一座不可多得的巨型石雕珍品。

清昭陵隆恩殿

辽宁沈阳

清初关外诸陵在建筑上有其独特的风格，在建筑艺术上也具有浓厚的地方色彩。以高大的方城，环绕陵区主体建筑，犹如紫禁城中高大的城墙；四周的角楼更担任与紫禁城角楼相同的卫戍功能。进入崇伟的隆恩门后，便可见主体大殿隆恩殿。隆恩殿体量不大，但造型端庄，轮廓秀美，雕梁画栋，富丽堂皇。隆恩殿面阔五间，其下的青石台基通体雕饰大量精美图案，表现出东北地区古建筑独特的装饰风格。

清昭陵
方城明楼

辽宁沈阳

昭陵方城内建筑以隆恩殿为中心，前有隆恩门，左、右各有一座配殿，后方则为明楼，其外观及雕饰均与明、清官式建筑不同。明楼立于高大的方城城台之上，高两层，重檐歇山顶，城台上设垛口，并设置散水管道。明楼为方形，红色外墙，四面各辟一拱券门，中立“太宗文皇帝之陵”石碑。檐下亦饰彩画，两重檐四角各悬挂一个铜铃，每遇风起，铜铃即络绎响起，声音不绝于耳，为帝王陵寝增添些许肃穆的气息。

清昭陵
方城望五供

辽宁沈阳

方城明楼是昭陵方城建筑中最北边的建筑体，方城北部是月牙形宝城，宝城之内为宝顶，宝顶之下则为清太宗皇太极及其后妃安葬的地宫。方城之南，与隆恩殿之间为二柱门及五供台。昭陵中的神功圣德碑楼与明楼建于康熙年间，二柱门及石五供则为嘉庆年间所增设，作为祭祀时的供具。石五供立于石制须弥座上，正中为香炉，三足鼎立，历久不衰；两侧依次为石花瓶与石烛台。须弥座刻饰精美，至今仍线条清晰。由方城明楼门洞望石五供，隐约可见其前方的二柱门。

清昭陵方城全景

辽宁沈阳

昭陵的建制与福陵同式，四周设有缭墙，以正红门为入口，其外设下马碑、华表、石狮、石桥、青石牌坊等，其内则有神道、神功圣德碑楼、华表、方城等，其中尤以方城最具重要性。图为昭陵方城内建筑全景，重重交叠的金黄屋顶，在阳光下相互掩映，透出一派帝王之象。正中的单檐歇山顶建筑为隆恩殿，两旁设配殿。隆恩殿后的重檐歇山顶为明楼，并可清晰见到方城城墙与角楼。昭陵虽建于平地，但崇楼大殿掩映在苍松翠柏之间，景致十分幽美。

清东陵孝陵石牌坊

河北遵化县

清东陵位于遵化县马兰峪以西，距离北京125公里，是清代帝后陵寝建筑所在地之一，因位于都城（北京）之东，故称之为“东陵”。清东陵格局与明十三陵布局相似，神道建于首陵之前，为诸陵所共用。石牌坊是清东陵的总入口，矗立在大红门外的广阔原野上，巍峨壮丽。清东陵孝陵石牌坊仿建自明十三陵入口处的石牌坊，两者形制完全相同，但体量上较明十三陵更大，是明、清五座同类型建筑中的精品。

清东陵孝陵石牌坊夹杆石浮雕

河北遵化县

孝陵石牌坊高约13米，宽约32米，为五门六柱十一楼式建筑。额坊上刻饰旋子彩画，六柱夹杆周围则对称装饰云龙戏珠、双狮滚球浮雕图案，夹杆石上部雕饰麒麟、狮子等六对卧兽。图为石牌坊夹杆石上浮雕，其上雕饰五爪祥龙出水飞翔，在云端徐徐上升，戏游火珠，造型极为生动。水波、云纹及龙身上的龙麟均清晰可见，雕工十分精细，充满活力，是一件不可多得的精美艺术品。

清东陵孝陵大红门

河北遵化县

清东陵是清朝入关后新建的第一个陵区，共计五座帝陵、四座后陵、五座妃园寝及一座公主园寝。总入口石牌坊，是一座高大精美的建筑，其后则为大红门。清东陵大红门为单檐庑殿顶建筑，中间开辟三座拱券门，是进入陵区的大门。周围更筑以长墙，以护卫陵区。大红门矗立在广阔的原野上，与石牌坊相对，更突出入口处的空间。

清东陵孝陵神功圣德碑楼

河北遵化县

清朝的陵寝规制基本上承袭明制而来，以大红门为陵区正门。大红门内东侧原有一组建筑，名为“具服殿”，朝陵者在此更换礼服，今已不存。大红门的正北方则是为顺治歌功颂德的神功圣德碑楼（俗称大碑楼）。神功圣德碑楼是神道上的主要建筑，重檐飞翘，极为华丽壮观，碑楼四角各立有一座高达十余米的华表。碑楼之中屹立着高大的神功圣德碑，下由龙头龟趺驮负。碑身由镜面玉石雕凿而成，分别以满、汉文铭刻顺治皇帝一生事迹，极尽歌颂之能事。

清东陵孝陵神道与石象生

河北遵化县

清东陵神道自石牌坊北行，直抵昌瑞山下，长达11华里。神道以三层巨砖铺成，两侧分列石象生，由望柱开始，按一定距离排立石兽和石人。图中可见神道起点左、右并立的石望柱，望柱呈六角形，柱身满饰云纹，柱头则雕刻生动的云龙，柱下以须弥座负之。望柱后有坐狮、立狮、骆驼、象等石象生，分踞两侧，镇守陵园，远处更可望见孝陵龙凤门。每当晨曦、晚照时分，金黄色阳光洒在神道上，透露出一股肃穆神秘的气氛。

清东陵孝陵神道石象生——獬豸

河北遵化县

孝陵是清东陵首陵，其建筑形制仿明十三陵，因此神道建于孝陵陵园之前，为清东陵各陵共用。神道蜿蜒绵长，宽度达12米，两侧分立狮子、獬豸、骆驼、象、麒麟、马、文臣、武将等十八对石象生。图为神道上的坐獬豸，獬豸是中国传说中一种生物，造型奇特，头部为兽首，耳后有鬃毛，身被麟甲，象征其为龙身，四足则为羊蹄，是一种混合性的动物。清东陵孝陵神道上的石獬豸刻工精细，充分表现出这种动物的神秘气质。

清东陵孝陵神道石象生——文臣

河北遵化县

清东陵神道绵长，极目远眺，悠悠不知其尽头，加上挺立两侧的石象生，威严之势几达极致。图为清东陵石象生中两对文臣之一，文臣着清代朝臣服装，头戴朝帽，脑后的辫子清晰可见，朝珠亦历历可数，正面则双手执朝珠，作垂听状。石像雕饰精美，朝服后方的凤纹清晰生动，裙摆下方则雕饰双龙拱珠纹样，长靴后方另饰云纹。无论朝帽、朝服等装扮，皆为清代要臣之形象，充分表现出清宫廷中的穿着打扮。

清东陵孝陵神道石象生——骆驼

河北遵化县

清东陵风光优美，清代统治者认为陵区是“万年龙虎抱，每夜鬼神朝”的“上吉之壤”，并视之为风水胜地而禁人出入。清东陵中共计有15座陵寝，依昌瑞山南麓各自东西排开，绵绵山脉屏于陵寝之后，长长的神道则伸展于墓穴之前。图为神道上十八对石象生中的坐骆驼，骆驼神情怡然，双足微曲跪坐于石座之上，双耳微耸，似正屏息倾听，随时准备起身迎上主人的召唤。整座石雕刻工简洁，形态生动，是上乘艺术品。

清东陵孝陵棂星门

河北遵化县

棂星门位于石象生群的北端，是陵区的第二重大门，又称为龙凤门。清东陵孝陵棂星门比明十三陵的棂星门更精致，由三座二柱石坊和四堵琉璃墙组合而成，墙的中央有蟠龙（正面）和花鸟（背面）图案的琉璃花心，十分精美，坊间墙上部以琉璃庑殿顶覆盖，更显华贵。整体造型统一而完整，装饰华美，充分表现出清代帝陵建筑的富丽堂皇。

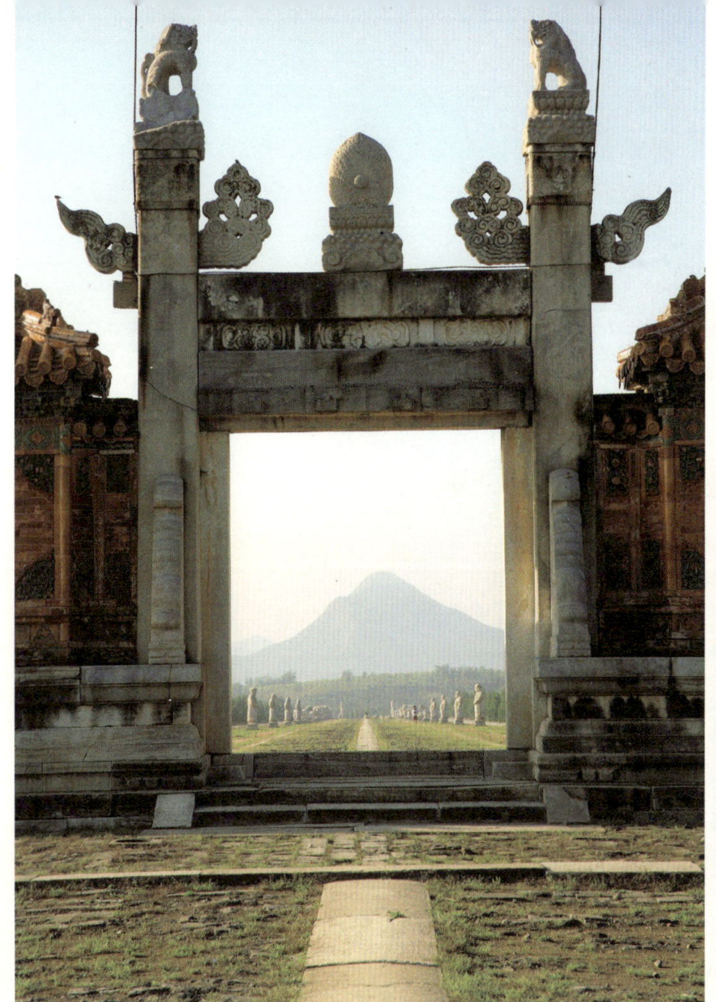

清东陵孝陵棂星门局部

河北遵化县

孝陵建于清圣祖康熙二年，是顺治皇帝的陵寝，位于清东陵陵区的中心，是清东陵中规模最大的陵墓。图为孝陵棂星门局部，棂星门主要由二柱门及琉璃影壁组成，两根立柱做成华表形式，外观为削角四方形，其上各有一石兽，相互对峙。石兽下为须弥座形式的石座。石柱上方插饰云板，其下为门额，门额正中有须弥座承一火焰宝珠。整座二柱门雕刻精细，装饰讲究，具有高度的艺术表现力。

清东陵孝陵神道碑亭

河北遵化县

神道碑亭又称小碑楼，是神道的北端终点，其形制与神功圣德碑楼(大碑楼）相似，惟体量较小。亭内立有石碑，碑上镌刻顺治皇帝的谥号。碑亭为重檐歇山顶，红墙黄瓦，渲染了孝陵端庄神圣的风貌。小碑亭东面是神厨库，为烹调祭品的场所，北为隆恩门，门前两侧另立朝房五间和班房三间，以供守护人员值班所居及呈进供物。小碑楼前方则设三路三孔桥，桥下为玉带河(又名龙须沟)。整体布局严谨，以象征帝王陵寝的神圣不可侵凌。

清东陵景陵五孔石桥

河北遵化县

景陵是清圣祖玄烨的陵寝，始建于圣祖康熙二十年(1681年)，是一座完整的帝陵，其规模仅次于孝陵。景陵位于孝陵以东稍南之处，五孔石桥则位于景陵圣德神功碑楼的北面，桥长近100米，宽10米，每边设汉白玉栏杆62根。桥下开辟五个拱形券洞，以巨石为桥基，横跨于陵区之中。清代其他帝陵中亦多建有石桥。像景陵如此壮阔的石桥，不惟清陵中少有，在中国历代帝陵中亦属罕见之作。

清东陵景陵神道与石象生

河北遵化县

清东陵的总体布局虽然吸收了明十三陵总体布局的优点，以首陵孝陵神道作为整个陵区的主神道，但在其他各陵前又分别设置了一条小神道。图为景陵神道，正前方为五孔石桥，石桥下的神道向东侧回旋，弯出一道圆弧，以绕过前方的池塘和丛林。清景陵景色之佳丽当属东陵之冠，林木葱茏，与陵外诸山相辉映。神道左、右分别列狮、象、马、武将、文臣五对石象生，蜿蜒直至隆恩门前。

清东陵景陵神道远眺

河北遵化县

清景陵神道蜿蜒曲折，有回旋不尽之意，神道两侧的文臣、武将，皆肃立分侍左、右，护卫帝陵。但石象生体量似有过小之感，亲切有余，气势不足。清代诸陵自景陵以下，石雕形象益趋程式化，缺乏原有的生气。自神道远眺，可看见其尽端的木石冲天牌坊、神道碑亭、隆恩门等建筑，亦可见隆恩门后高耸的隆恩殿琉璃瓦顶。金顶红墙，白玉秀柱，在青山绿水的衬托下，显得分外艳丽，亦可见出帝陵的精心营建。

清东陵景陵牌坊

河北遵化县

景陵是康熙皇帝与四位皇后及一位皇贵妃的合葬墓。康熙8岁即位，在位61年，是清朝在位最久的皇帝。图为景陵牌坊。因为清东陵陵区主神道已设有棂星门。因此各陵道不再设置同类门，另设木石混合结构的五门六柱冲天牌坊代之。这种牌坊造型秀丽，具有很强的装饰性，牌坊之后为神道碑亭、隆恩门、隆恩殿等，再其后则为二柱门、石五供及方城明楼等，重檐叠起，气势庄严。

清东陵景陵双妃园寝

河北遵化县

景陵双妃园寝是圣祖的悫惠皇贵妃和惇怡皇贵妃的墓地，位居景陵之东，建于高宗乾隆四年(1739年)。这是乾隆皇帝为了报答两位太妃对其年幼时的养育之恩，特意下谕修建的。在明、清两代，为妃子单独建园寝，仅此一例。园寝不设神道，仅有单孔石桥一座。其平面前方后圆，分为两院，前院主体建筑为享殿，后院为两座宝城并排而立，一对碧瓦红墙的明楼矗立在城台上，其建筑之华丽当属清代诸妃园寝之冠。

清东陵裕陵全景

河北遵化县

裕陵是清高宗弘历的陵寝，全陵以神道贯穿，与孝陵主神道相会合。由圣德神功碑楼北方望裕陵，可见石桥与神道。裕陵神道虽不长，但列有八对石象生，较景陵、定陵多，这也反映了裕陵的华丽在东陵诸寝中是首屈一指的。神道往北依次为牌坊、神道碑亭、隆恩门、隆恩殿、方城明楼等建筑，与各帝陵相同。方城明楼之后有宝顶，其下的地宫已对外开放，是中国继明定陵之后所展出之另一座具有独特风格的地下宫殿。

清东陵裕陵牌坊

河北遵化县

裕陵位于孝陵以西的胜水峪，占地约六百九十余亩，是一座一帝二后三贵妃的合葬墓。裕陵南边为重檐歇山顶的圣德神功碑楼，牌坊即位于碑楼之后。牌坊以白石为门柱，以木料作额枋，额枋上部架有黄色琉璃瓦的单檐悬山顶。石柱两边设抱鼓夹杆石，柱顶雕有异兽望天犼。整座牌坊以木石混合构成，造型清秀，色彩绚丽，是神道上一座装饰性极强、非常引人注目的建筑物。因为柱子高过楼顶，直冲云天，因此这类形式的牌坊又称为“冲天牌坊”。

清东陵裕陵内红门

河北遵化县

内红门是陵园第二进院落的入口，也是由隆恩殿通往方城明楼的必经之路，位居隆恩殿后方。内红门由三座单檐歇山黄瓦顶的砖砌门楼组合而成，中门檐下的斗栱额枋由绿色琉璃砖镶嵌而成，中门两侧的墙垛则贴饰琉璃花心，因而内红门又常称为琉璃花门，又因为三座门洞所组成，因此又有“三座门”之名。门前晶莹玲珑的小石桥与色彩绚丽的琉璃门形成对比，使门楼显得更加富丽华贵。内红门后为二柱门及方城明楼。

清东陵裕陵方城明楼

河北遵化县

方城明楼位于裕陵后部，建于清高宗乾隆八年(1743年)，方城后部是以高墙围成的圆形宝顶，宝顶下方即为地宫所在。方城明楼矗立在高大的台基之上，显得更加雄伟壮阔。方城两侧设有看面墙，其作用是将方城前方的院落与宝城宝顶分隔开来，并将陵园东、西两侧外墙与宝城外围的罗圈墙联结在一起。看面墙上设有腰门，由此可进入宝城与罗圈墙之间的夹道。方城明楼前设置石香炉、石烛台与石花瓶五件器具，合称五供，是祭陵时的供具。

清东陵定陵牌坊

河北遵化县

定陵是清文宗奕詝的陵寝，位于清东陵最西端的平安峪，始建于文宗咸丰九年(1859年)。定陵建筑群轴线分明，神道呈直线形，神道北即为牌坊。定陵牌坊与清东陵各陵前牌坊相同，亦为木石混合结构的五门六柱式冲天牌坊，有五座单檐悬山式黄琉璃瓦屋顶。檐下设斗栱出跳，额枋绘制青绿色旋子彩画，设色鲜丽，绘画精巧，充满皇室尊贵风情。而由牌坊北望神道碑亭，俨然一幅构图严谨的画中画。

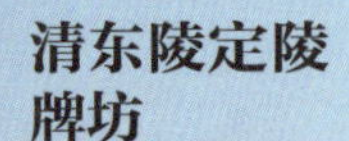

清东陵定陵隆恩殿正面

河北遵化县

隆恩殿是安放咸丰皇帝神位和举行祭祀活动的殿堂。大殿面阔五间，立于单层汉白玉须弥座台基上，前设三座台阶。正中台阶设丹陛石，丹陛石以高浮雕手法雕饰龙凤呈祥图案，形态生动，整体造型粗壮有力，是清代晚期石雕艺术的佳作。隆恩殿为重檐歇山顶，顶覆黄琉璃瓦，造型端庄。两层黄色琉璃瓦金光闪闪，青绿色沥粉贴金彩画更加重檐下的深邃感，红框青底的金字匾额也增添浓厚的皇家气派。定陵隆恩殿不仅造型典雅，更组成一幅色调浓艳又十分和谐的画面。

清东陵定陵全景

河北遵化县

定陵坐落在清东陵最西端，背倚巍峨群山，前临淙淙溪水，地势高低错落，环境十分优美。定陵建筑由神道和陵寝两部分构成，神道设在平原，陵寝设在山脚台地。整个陵区由最北面的宝顶至最南端的石桥，层层跌落，布局紧凑，极富节奏感。图中方城明楼、内红门、隆恩殿、隆恩门、牌坊等均清晰可见，建筑群落轴线分明，可见定陵的雄伟壮观。

清东陵惠陵全景

河北遵化县

惠陵是清穆宗载淳的陵寝，位于景陵6公里外的双山峪。穆宗年号同治，6岁登基，但仅活了19岁便告崩逝，在位13年，均受慈禧所操控，是清代一位短命皇帝。惠陵是清东陵中建成最晚、规模最小的帝陵。惠陵开工前，慈安、慈禧两太后曾下懿旨："除神路及石象生毋庸修建外，其余均照定陵规制。"因而惠陵牌坊前无石象生，只立一对望柱，其余设置则与定陵相同。由陵前远眺，整个陵寝建筑布局严谨，显示了帝王陵寝的宏伟气派和壮丽格局。

清东陵普祥峪定东陵内红门

河北遵化县

慈安太后与慈禧太后于穆宗年间垂帘听政，因此穆宗年号同治，但军政大权实际上都操控在慈禧太后手中。光绪七年(1881年)慈安太后暴卒于钟粹宫，死因不明，后归葬普祥峪定东陵。图为普祥峪定东陵内红门，由三座门组成，皆为黄琉璃瓦单檐歇山顶，檐下饰斗栱，其下贴琉璃壁砖，三座门左、右均有琉璃花饰，造型端庄。内红门北方高起的屋顶为其后的方城明楼。

清东陵菩陀峪定东陵隆恩殿

河北遵化县

菩陀峪定东陵是慈禧太后的陵寝，其隆恩殿的形制与帝陵无甚差别，但装饰之华贵、用料之高级，无以复加，远远超过了清代诸帝陵。隆恩殿面阔五间，上覆重檐歇山黄琉璃瓦顶，以汉白玉石为台基，雕刻精美。大殿的梁枋、槅扇全部采用带有香味的黄花梨木制作，外檐柱枋与门窗均不施彩绘，暴露木材本色。檐下斗栱额枋沥粉贴金，色调与木色相近，因此整座隆恩殿虽极尽豪奢，在外观上仍有庄重不华、古朴典雅的清丽美感，使其他帝陵相形见绌。

清东陵普祥峪定东陵隆恩殿

河北遵化县

普祥峪定东陵是清文宗咸丰皇帝之后钮祜禄氏的陵寝。咸丰十一年(1861年)穆宗即位，钮祜禄氏被尊为皇太后(慈安太后)，死后谥孝贞显皇后，葬于定东陵。定东陵分为普祥峪定东陵及菩陀峪定东陵，后者即为慈禧太后陵寝。定东二陵相连，建筑规制完全相同。图为普祥峪定东陵隆恩殿，其外形与菩陀峪定东陵相同，但装修不及菩陀峪定东陵豪华。虽已历经风雨洗礼，但在铅华褪尽之时仍可见出其原建制的典雅。

清东陵菩陀峪定东陵配殿室内梁架

河北遵化县

菩陀峪定东陵隆恩殿是安放慈禧太后神主与举行祭祀活动之处，左、右各设一座配殿，以配合祭陵时使用。配殿面阔五间，进深三间，北、西、南三面为磨砖对缝墙，构架使用黄花梨木、香楠木制作，建于低矮的台基上，更加突显隆恩殿崇高的地位。其室内梁架木柱与隆恩殿相同，均以黄花梨木制作。木构件上满布沥粉贴金彩画；彩画以褐色作底，金线组成龙、云、蝠、寿锦纹图案，既富丽豪华、光彩夺目，又兼具典雅文静、端庄静肃之美。

清东陵
定东二陵全景

河北遵化县

定东二陵是慈安太后与慈禧太后的陵寝，因位于定陵之东而得名，二陵均建于穆宗同治十二年(1873年)，德宗光绪五年(1879年)竣工。两陵东、西并峙，西侧(右)为慈安的普祥峪定东陵，东侧(左)为慈禧的菩陀峪定东陵。两陵虽为后陵，但除了无神道、石象生、牌坊之外，其他建制一应俱全，与帝陵全无差别，装修甚有过之。定东二陵的规制在后陵中是绝无仅有的，也反映了同治、光绪两朝母后执掌实权的政治实况。

清西陵泰陵石牌坊

河北易县

清入关之后，共传了十位皇帝，其中五个皇帝葬在东陵，四位葬在西陵。泰陵是清西陵建筑群中的主陵，建成最早，神道最长，规模也最大。其建筑形式与清东陵完全相同，以石牌坊作为入口标志，所不同的是，清西陵泰陵的石牌坊共有三座，分立于东、西、南三个方位，与大红门共同围成一个宽敞的四合院。石牌坊形制与清东陵及明十三陵石牌坊无异，均为五门六柱十一楼式，各部位亦饰有不同类型石雕，图案十分精美，是一件大型的艺术品。

清西陵泰陵宝城与哑巴院

河北易县

泰陵始建于世宗雍正八年(1730年)，是清世宗胤祯的陵寝，历时7年完工。泰陵建制与清东陵孝陵相同，由石牌坊、大红门、圣德神功碑楼、神道、石桥、小碑亭、隆恩门、隆恩殿、内红门、方城明楼等建筑所组成。宝城位于方城明楼后方，是雍正皇帝与皇后、贵妃合葬的地宫。宝城外侧为垛口，内侧为宇墙，中间是供人行走并可绕行宝顶一周的马道。宝顶前部月牙城与宝城围合而成的小院称哑巴院。院内两侧设有转向磴道，可沿此登达宝城和明楼。

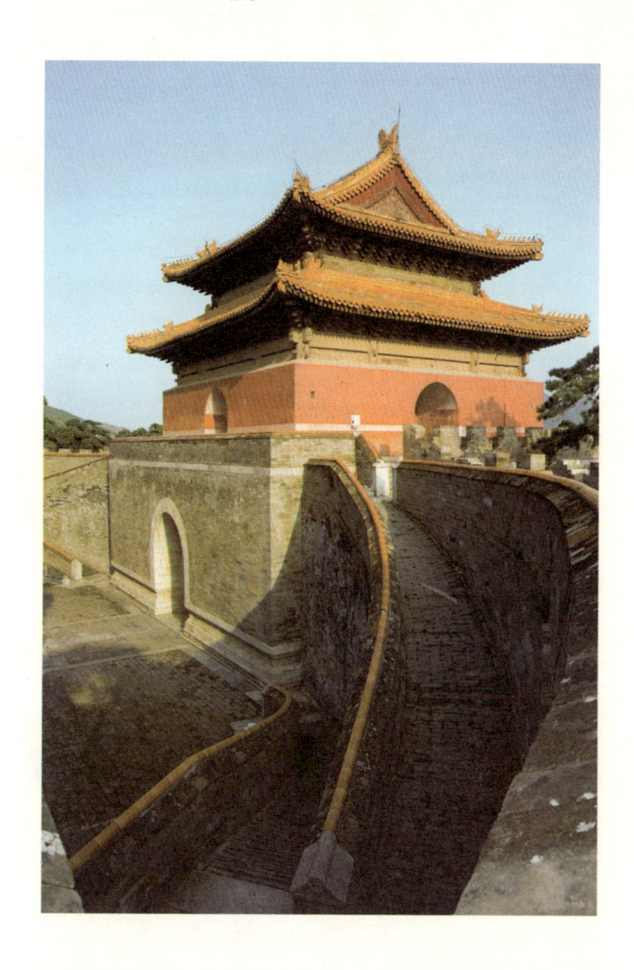

清西陵昌陵圣德神功碑楼

河北易县

昌陵位居泰陵以西2里处，是清仁宗嘉庆皇帝的陵寝，埋葬嘉庆皇帝与孝淑睿皇后喜塔蜡氏，西边是昌西陵和昌妃园寝，分葬孝和睿皇后及妃嫔等人。图为昌陵圣德神功碑楼，外观为方形，四面开门洞，重檐歇山黄琉璃瓦顶，檐下饰青绿色彩画。圣德神功碑楼四角各设华表一座，全为汉白玉石雕凿而成，雕饰云龙，上插云板。金碧辉煌与洁白晶莹、高大雄伟与挺拔清秀，碑楼与华表两种体量、两种格调形成强烈反差，相互对比，相映成趣。

清西陵昌陵神道碑亭

河北易县

昌陵建于嘉庆元年(1796年)，位于清西陵的宝华峪，与泰陵比邻。除了无具服殿和神道略短之外，昌陵在建筑的数量、规模和形式上都与泰陵相同，且豪华富丽程度并不亚于泰陵。神道碑亭位于神道北端，前设三座玉带桥。由玉带桥南岸桥头隔河眺望，桥北神道碑亭亭亭玉立，造型华美，玉带桥两侧的汉白玉栏杆活泼地伸向前方，似乎簇拥着碑亭，构图奇特，极富韵律感。碑亭后方即为隆恩门、隆恩殿等建筑。

清西陵慕陵石牌坊

河北易县

泰陵西方5公里处为慕陵，是清西陵最西面的帝王陵寝，为宣宗道光皇帝和孝穆、孝慎、孝全三后的合葬墓。道光皇帝陵寝原建于东陵宝华峪，但后来浸水，遂于道光十二年(1832年)改营于西陵龙泉峪。图为慕陵石牌坊，是第二进院落的入口。按明、清帝陵的建制，第二进院落一般以琉璃花门(内红门)区隔，但慕陵采用了新的做法，以石牌坊代替了琉璃门。牌坊为三门四柱三楼式，用汉白玉雕成，洁净素雅，与慕陵的整体风格十分协调。石牌坊后为宝顶。

清西陵慕陵宝顶与围墙

河北易县

慕陵规模较小，没有圣德神功碑楼、石象生，甚至不设二柱门、方城明楼，但工程坚固精细，围墙磨砖对缝，光滑齐整，殿宇不施彩画，均以楠木制造，精美异常。慕陵亦不设宝城，进入第二进院落的石牌坊之后就是青砖砌筑的圆形宝顶。宝顶矗立在5尺高的月台上，墙呈青砖本色，上部饰有黄色琉璃檐，具有肃穆、朴实凝重的风格。宝顶外围陵墙亦呈青砖本色，上覆黄色琉璃檐，其格调与宝顶完全统一。

清西陵慕陵隆恩殿内景

河北易县

慕陵是道光皇帝的陵寝，在所有清代帝陵中，慕陵的建制最为特殊，隆恩殿的形制也不同于其他帝陵。隆恩殿建在不设栏杆的台基上，单檐歇山顶，木构架及装修均以香楠木制作，不饰彩绘，皆用原木本色，门窗亦然。其室内后部设三间暖阁，是供奉帝后神位的地方。隆恩殿室内木柱、天花、槅扇等均用楠木，不施彩画，以蜡涂烫，呈现出原木本色。槅扇的裙板和天花上都雕有突起的龙纹，龙头突出天花板达30厘米，其巧夺天工的技术实非其他帝陵所能企及。

清西陵崇陵地宫

河北易县

崇陵是清德宗光绪皇帝与孝定皇后的合葬墓，也是清代最后一座帝后陵。图为崇陵地宫，地宫位于方城明楼后的宝城之下，以青石拱券结构而成，平面大致呈丁字形，主体空间(金券)位于地宫后部。地宫内有石门四道，均设有汉白玉石雕制的门罩。四道石门上共有八扇石门扉，每扇高3.52米，宽1.5米，厚25厘米。门扇上雕有菩萨立像各一尊，像高1.99米，背依佛龛，立于莲花座上，雕工细腻，象征死者亡灵已到了极乐世界。崇陵地宫虽已被盗，但其地宫的布局与装修，仍可见出帝王之势。

清西陵崇陵方城明楼

河北易县

崇陵位于金龙峪，西距泰陵5公里，建于清宣统元年(1909年)，依清东陵惠陵的规制而建。崇陵不设圣德神功碑楼，无石象生，是一座规模小、神道短、建成年代晚的帝陵。方城明楼居隆恩殿后，由琉璃花门向北仰望，方城明楼巍然屹立在高大的月台上，宽敞的礓𥔲坡道由海墁地面直达方城底部。方城明楼前为石五供，端放于精美的石制须弥座上，整个画面充分显示其壮丽威严的帝陵气势。

下马碑：立于宫殿等庄严圣地之前的石碑，意指文武官员军民人等至此驻轿下马。

丹陛：古时宫殿上漆朱红色的台阶。

井亭：建在水井上面的亭子。屋顶中间是漏空的，可使井水见到天日。

天花：建筑物内部木构顶棚，以木条交错成为方格，上铺板，用来遮蔽梁以上的部分。

斗栱：我国传统木构架体系建筑中的一种承物件，由斗形木块和弓形木纵横交错层叠构成。早期斗栱为木构架结构层的一部分，明、清以后，斗栱的结构作用蜕化，成为主要起装饰作用的构件。

方上：封土的一种形式，底部和顶部均呈方形，上小下大，形如覆斗。

方城：帝陵宝城南端的方形城台，城上设有明楼，楼内立有帝王的庙号石碑。

哑巴院：方城与宝顶之间的月牙形小院，东西两侧设有磴道可登方城。小院后壁正中琉璃影壁下方即为地宫的入口处。

台基：高出地面的建筑物平台，用以承托建筑物并使其避免地下潮气的侵蚀。

瓦垅：即瓦楞，是屋顶上用瓦铺成一行一列相交接而隆起的地方。

石牌坊：中国古建筑中，设于建筑群前、城市里坊入口、交通要道口等处的具有装饰点缀作用的大门，称为牌坊。全部用石料制作的牌坊即为石牌坊。

石象生：列于古代帝王将相陵墓前的石人石兽。因其象征帝王将相生前仪仗，故称石象生。

卯榫：家具木料相接合处，凿空的部分叫卯眼，突出的部分叫榫头。

地宫：放置帝王棺木的地下墓室。

夹杆石：牌坊石柱下部南北两侧的石块；用以夹住石柱，使之稳固。石上多作精美石雕。

束腰：须弥座上枭与下枭间之部分。

甬道：楼阁间相通的复道。

角楼：建于城墙四周用以瞭望四方的小楼。

乳台：宋代帝陵南端的第二道大门，下部为土筑高台，台上有楼。

和玺彩画：以龙凤为主要题材，只能用于皇帝听政、祈天、祭祖及居住等专用建筑物上的彩画。

枋：平行于面阔方向之木构件。

穹隆顶：建筑物凸屋顶的空间结构，在平面图内呈圆形或多边形。

金券：石砌地宫内放置棺木的主要墓室又称金券。

封土：用土堆成的隆起于地面的坟丘。

垛口：城墙外侧女儿墙上呈凹字形的缺口，供守城射箭用。

拱肋：砖石砌筑拱券顶或穹隆顶上突出于表面的受力构件，犹如弯曲的大梁。

拱券：拱和券的合称。块状料(砖、石、土坯)砌成的跨空砌体。利用块料之间的侧压力建成跨空的承重结构的砌筑方法称“发券”。用此法砌于墙上做门窗洞口的砌体称券；多道券并列或纵联的构筑物(水道、屋顶)称筒栱；用此法砌成的穹隆称拱壳。

拱桥：桥的形式之一。又称拱状石桥、拱券桥，因桥身弯曲如虹，也称虹桥。拱桥有单孔、三孔及多孔之分，桥身高，跨度大，桥下孔洞可行船。

柱础：由石块雕成，高略等于柱径。有圆鼓形、瓜瓣形、莲瓣形及八角形等，其功用可防水渗入木柱，亦有美观作用。

红墙：明代帝陵陵区的外围墙，即清代的风水墙。

重檐：两层以上的屋檐谓之重檐。

面阔：建筑物正面柱与柱间之距离。建筑物正面之长度称为通面阔。

风水墙：清代帝陵中把整个陵区围合起来的外墙。长度往往达几十公里。

配殿：在宫殿或庙宇的正殿前面的左、右两侧，都建有小于正殿规模的建筑物，这种建筑称配殿。

埏道：唐代帝陵多因山为陵，地宫位于山丘深处。通向地宫的隧道即为埏道。

琉璃：涂釉烧制工艺品。在汉代已普遍制造琉璃器，六朝时代已将琉璃应用于建筑上。明清以来，釉色从黄、蓝、绿三色发展到翡翠绿、孔雀蓝、紫晶、娇黄、黑、白等十几种。

神门：宋代帝陵宫城的城门。

神道：由陵区入口处通往陵园(祭祀建筑群)的道路。
神墙：宋代帝陵宫城的城墙。
回廊：围合庭院的有顶的通道。
堂券：石砌地宫多为拱券顶，故地宫的前室(明堂)和通道(穿堂)又称堂券。
旋子彩画：用于王府、庙宇或宫廷的一些次要建筑上的彩画。题材以旋花、卷草、龙纹或锦纹等旋彩图案为主。
望柱：立于石栏杆栏板之间的立柱。
梓宫：古代帝王棺材多用梓木制作，故称梓宫。有时也将木构地宫(木椁)称作梓宫。
雀替：建筑物中枋与柱相交处的托座。从柱头挑出承托其上之枋，借以减小枋的净跨度，具加固构架和装饰的作用。
丝缝：处理彩画木结构基层的工序之一，即裂缝处理。
华表：古代设在桥梁、宫殿、城垣或陵墓前作为标志和装饰用的立柱。
进深：建筑物由前檐柱至后檐柱间之距离。
间：四柱间所包含之面积。
须弥座：传统建筑的一种台基，一般用砖或石砌成，上有凹凸线脚和纹饰。
歇山：由四个倾斜的屋面、一条正脊、四条垂脊、四条戗脊和两侧倾斜屋面上部转折成垂直的三角形墙面而组成，形成硬山与庑殿相交所成之屋顶结构。
碑亭：内部立有帝王御笔石碑或庙号石碑的亭楼。形体大的称碑楼。
汉白玉：颜色洁白、质地细密坚硬的大理石，是上等的建筑材料。
槅扇：一种雕饰精美的室外或室内分隔木构件。
墁砖：以砖铺地。
影壁：建在院落的大门内或大门外，与大门相对作屏障用的墙壁，又称照壁、照墙。古称门屏，其形式有一字形和八字形等。
影壁山：帝陵神道中段的小山，具有屏风门的作用，多利用天然土丘并加人工修筑而成。
庑殿：我国传统建筑屋顶形式之一，由四个倾斜的坡屋面，一条正脊(平脊)和四条斜脊组成，所以又称“五脊顶”。四角起翘，屋面略呈弯曲。
礓道：具攀登作用的砖石踏跺。
缭墙：清代帝陵风水墙的别称。
阙：中国古代用于标志建筑群入口的建筑物，常建于城池、宫殿、宅第、祠庙和陵墓之前。通常左右各一，其间有路可通。
额枋：联系檐柱的木构件。在有斗栱的建筑中，平身科斗栱即放置在额枋上。
沥粉贴金：彩画工艺的一种。所谓沥粉，是指在梁柱等处表面上制造凸起的线条。一般用锥形金属筒子，大端绑扎软塑胶袋，内装糊状沥粉材料(由滑石粉、光油、胶等配制而成)，经用力挤压，小端即挤出半流体状粉条。所谓贴金，是指在需要做金色的地方，先刷金胶油，再贴金箔。一般沥粉线条均需贴金。
罗圈墙：宝城外围的一圈围墙，南部与方城两侧的看面墙直角相接，北部呈半圆形围绕宝城。罗圈墙最初出现于明永陵。清代帝陵宝城宝顶较小，故广泛使用罗圈墙。
鹊台：宋代帝陵最南端的第一道大门，又称阙台，形制同乳台。
宝城宝顶：地宫上面用砖砌筑圆形或长圆形的城墙，称为宝城；宝城以内堆土成冢，高度超过宝城，称为宝顶。
献殿：帝陵中专作祭祀用的建筑物，是整个陵区内最宏伟的建筑物。宋代前叫献殿，明代叫祾恩殿，清代叫隆恩殿。
藻井：建筑物室内顶部中央升起的穹隆形构造物。
栏板：栏杆望柱之间的石板。
棂星门：又称龙凤门，是一种形式特殊、规格较高的牌坊，一般由三组二柱门加四组矮墙组成。因门枋上部饰有石雕火焰宝珠，故又称火焰牌坊。
叠涩：砌砖或砌石时使逐层向外伸出或收入的做法。常用来砌成檐口、须弥座、门窗洞口和穹隆等。

附录二 / 中国古建筑年表

朝代	年代	中国年号	大事纪要
新石器时代	前约4800年		今河姆渡村东北已建成干阑式建筑(浙江余姚)
	前约4500年		今半坡村已建成原始社会的大方形房屋(陕西西安)
	前3310～2378		建瑶山良渚文化祭坛(浙江余杭)
	前约3000年		今灰嘴乡已建成长方形平面的房屋(河南偃师)
	前约3000年		今江西省清江县已出现长脊短檐的倒梯形屋顶的房屋
	前约3000年		建牛河梁红山文化女神庙(辽宁凌源)
商	前1900～1500		二里头商代早期宫殿遗址，是中国已知最早的宫殿遗址(河南偃师)
	前17～11世纪		今河南郑州已出现版筑墙、夯土地基的长方形住宅
	前1384	盘庚十五年	迁都于殷，营建商后期都城(即殷墟，今河南安阳小屯)
	前12世纪	纣王	在朝歌至邯郸间兴建大规模的苑台和离宫别馆
西周	前12世纪～771		住宅已出现板瓦、筒瓦、人字形断面的脊瓦
	前12世纪	文王	在长安西北40里造灵囿
	前12世纪	武王	在沣河西岸营建沣京，其后又在沣河东岸建镐京
	前1095	成王十年	建陕西岐山凤雏村周代宗庙
	前9世纪	宣王	为防御猃狁，在朔方修筑系列小城
	前777	宣王五十一年(秦襄公)	秦建雍城西，祭白帝。后陆续建密畤、上畤、下畤以祭青帝、黄帝、炎帝，成为四方神畤
春秋	前6世纪		吴王夫差造姑苏台，费时3年
	前475	敬王四十五年	《周礼·考工记》提出王城规划须按“左祖右社”制度安排宗庙与社稷坛
战国	前4～3世纪		七国分别营建都城；齐、赵、魏、燕、秦并在国境中的必要地段修筑防御长城
	前350～207		陕西咸阳秦咸阳宫遗址，为一高台建筑
秦	前221	始皇帝二十六年	秦灭六国，在咸阳北阪仿关东六国而建宫殿
	前221	始皇帝二十六年	秦并天下，序定山川鬼神之祭
	前221	始皇帝二十六年	派蒙恬率兵30万北逐匈奴，修筑长城：西起临洮，东至辽东；又扩建咸阳
	前221～210	始皇帝二十六至三十七年	于陕西临潼建秦始皇陵
	前219	始皇帝二十八年	东巡郡县，亲自封禅泰山，告太平于天下
	前212	始皇帝三十五年	营造朝宫(阿房宫)于渭南咸阳
西汉	前3世纪		出现四合院住宅，多为楼房，并带有坞堡
	前206	高祖元年	项羽破咸阳，焚秦国宫殿，火三月不绝
	前205	高祖二年	建雍城北畤，祭黑帝，遂成五方上帝之制
	前201	高祖六年	建枌榆社于原籍丰县，继而令各县普遍建官社，祭土地神祇
	前201	高祖六年	令祝官立蚩尤祠于长安
	前201	高祖六年	建上皇庙
	前200	高祖七年	修长安(今西安)宫城，营建长乐宫
	前199	高祖八年	始建未央宫，次年建成

续表

朝代	年代	中国年号	大事纪要
西汉	前199	高祖八年	令郡国、县立灵星祠，为祭祀社稷之始
	前194～190	惠帝一至五年	两次发役30万修筑长安城
	前179	文帝元年	天子亲自躬耕籍田，设坛祭先农
	前179	文帝元年	在长安建汉高祖之高庙
	前164	文帝十六年	建渭阳五帝庙
	前140～87	武帝年间	于陕西兴平县建茂陵
	前140	武帝建元元年	创建崂山太清宫
	前139	武帝建元二年	在长安东南郊建立太一祠
	前138	武帝建元三年	扩建秦时上林苑，广袤300里，离宫70所；又在长安西南造昆明池
	前127	武帝元朔二年	始修长城、亭障、关隘、烽燧；其后更五次大规模修筑长城
	前113	武帝元鼎四年	建汾阴后土祠
	前110	武帝元封元年	封禅泰山
	前109	武帝元封二年	建泰山明堂
	前104	武帝太初元年	于长安城西建建章宫
	前101	武帝太初四年	于长安城内起明光宫
	前32	成帝建始元年	在长安城建南、北郊，以祭天神、地祇，确立了天地坛在都城规划布置中的地位
	4	平帝元始四年	建长安城郊明堂、辟雍、灵台
	5	平帝元始五年	建长安四郊兆、祭五帝、日月、星辰、风雷诸神
	5	平帝元始五年	令各地普建官稷
新	20	王莽地皇元年	拆毁长安建章宫等十余座宫殿，取其材瓦，建长安南郊宗庙，共十一座建筑，史称王莽九庙
东汉	25	光武帝建武元年	帝车驾入洛阳，修筑洛阳都城
	26	光武帝建武二年	在洛阳城南建立南郊(天坛)祭告天地
	26	光武帝建武二年	在洛阳城南建宗庙及太社稷。宗庙建筑，改变了汉初以来的一帝一庙制度，形成一庙多室，群主异室
	57	光武帝中元二年	建洛阳城北的北郊，祭地祇
	65	明帝永平八年	建成洛阳北宫
	68	明帝永平十一年	建洛阳白马寺
	153	桓帝元嘉三年	为曲阜孔庙设百石卒史，负责守庙，为国家管理孔庙之始
	2世纪	东汉末年	张陵修道鹤鸣山，创五斗米教，建置致诚祈祷的静室，使信徒处其中思过；又设天师治于平阳
	2世纪末	东汉末年	第四代天师张盛遵父(张鲁)嘱，携祖传印剑由汉中迁居龙虎山
三国	220	魏文帝黄初元年	曹丕代汉由邺城迁都洛阳，营造洛阳及宫殿
	221	蜀汉章武元年	刘备称帝，以成都为都
	229	吴黄武八年	孙权由武昌迁都建业，营造建业为都城
	235	魏青龙三年	起造洛阳宫
	237	魏明帝太和十一年	在洛阳造芳林苑，起景阳山
晋	约300年	惠帝永康元年	石崇于洛阳东北之金谷涧，因川阜而造园馆，名金谷园
	327	成帝咸和二年	葛洪于罗浮山朱明洞建都虚观以炼丹，唐天宝年间扩建为葛仙祠

续表

朝代	年代	中国年号	大事纪要
晋	332	成帝咸和七年	在建康(今南京)筑建康宫
	4世纪		在建康建华林园，位于玄武湖南岸；刘宋时则另于华林园以东建乐游苑
	347	穆帝永和三年	后赵石虎在邺城造华林园，凿天泉池；又造桑梓苑
	353～366	穆帝永和九年至废帝太和元年	始创甘肃敦煌莫高窟
	400	安帝隆安四年	慧持建普贤寺(即今万年寺前身)，为峨眉山第一座寺庙
	401～407	安帝隆安五年至义熙三年	燕慕容熙于邺城造龙腾苑，广袤十余里，苑中有景云山
	413	安帝义熙九年	赫连勃勃营造大夏国都城统万城
南北朝	420	宋武帝永初元年	谢灵运在会稽营建山墅，有《山居赋》记其事
	446	北魏太平真君七年	发兵10万修筑畿上塞围
	452～464	北魏文成帝	始建山西大同云冈石窟
	5世纪	北魏	北天师道创立人寇谦之隐居华山
	5世纪	齐	文惠太子造玄圃园，有“多聚奇石，妙极山水”的记载
	494～495	北魏太和十八至十九年	开凿龙门石窟(洛阳)
	513	北魏延昌二年	开凿甘肃炳灵寺石窟
	516	北魏熙平元年	于洛阳建永宁寺木塔
	523	北魏正光四年	建河南登封嵩岳寺砖塔
	530	梁武帝中大通二年	道士于茅山建曲林馆，继之为著名道士陶弘景的华阳下馆
	552～555	梁元帝承圣一至四年	于江陵造湘东苑
	573	北齐	高纬扩建华林苑，后改名为仙都苑
	6世纪	北周	庾信建小园，并有《小园赋》记其事
隋	582	文帝开皇二年	命宇文恺营建大兴城(今西安)，唐代更名长安城
	586	文帝开皇六年	始建河北正定龙藏寺，清康熙年间改称今名隆兴寺
	595	文帝开皇十五年	在大兴建仁寿宫
	605～618	炀帝大业年间	青城山建延庆观；唐代改建为常道观(即天师洞)
	605～618	炀帝大业年间	在洛阳宫城西造西苑，周围20里，有16院
	607	炀帝大业三年	在太原建晋阳宫
	607	炀帝大业三年	发男丁百万余修长城
	611	炀帝大业七年	于山东历城建神通寺四门塔
唐	7世纪		长安宫城内有东、西内苑，城外有禁苑，周围120里
	618～906		出现一颗印式的两层四合院，但楼阁式建筑已日趋衰退
	619	高祖武德二年	确定了对五岳、四镇、四海、四渎山川神的祭祀
	619	高祖武德二年	在京师国子学内建立周公及孔子庙各一所
	620	高祖武德三年	于周至终南山山麓修宗圣宫，祀老子，以唐诸帝陪祭(即古楼观之中心)
	627～648	太宗贞观年间	封华山为金天王，并创建庙宇(西岳庙)
	630	太宗贞观四年	令州县学内皆立孔子庙

续表

朝代	年代	中国年号	大事纪要
唐	636	太宗贞观十年	于陕西省礼泉县建昭陵
	651	高宗永徽二年	大食国正式遣使来唐，伊斯兰教开始传入我国
	7世纪		创建广州怀圣寺
	652	高宗永徽三年	于长安建慈恩寺大雁塔
	653	高宗永徽四年	金乔觉于九华山建化城寺
	662	高宗龙朔二年	于长安东北建蓬莱宫，高宗总章三年（670年）改称大明宫
	669	高宗总章二年	建长安兴教寺玄奘塔
	681	高宗开耀元年	长安建香积寺塔
	683	高宗弘道元年	于陕西省乾县建乾陵
	688	武则天垂拱四年	拆毁洛阳宫内乾元殿，建成一座高达三层的明堂
	7世纪末		武则天登中岳，封嵩山为神岳
	707～709	中宗景龙一至三年	于长安建荐福寺小雁塔
	714	玄宗开元二年	始建长安兴庆宫
	722	玄宗开元十年	诏两京及诸州建玄元皇帝庙一所，以奉祀老子
	722	玄宗开元十年	建幽州(北京)天长观，明初更名白云观
	724	玄宗开元十二年	于青城山下筑建福宫
	725	玄宗开元十三年	册封五岳神及四海神为王；四镇山神及四渎水神为公
	8世纪		在临潼县骊山造离宫华清池；在曲江则有游乐胜地
	742	玄宗天宝元年	废北郊祭祀，改为在南郊合祭天地
	751	玄宗天宝十年	玄宗避安史之乱，客居青羊观，回长安后赐钱大事修建，改名青羊宫
	8世纪		李德裕在洛阳龙门造平泉庄
	8世纪		王维在蓝田县辋川谷营建辋川别业
	8世纪		白居易在庐山造庐山草堂，有《草堂记》述其事
	782	德宗建中三年	于五台山建南禅寺大殿
	857	宣宗大中十一年	于五台山建佛光寺东大殿
	904	昭宗天祐元年	道士李哲玄与张道冲施建太清宫(称三皇庵)
五代	951～960	后周	始在国都东、西郊建日月坛
	956	后周世宗显德三年	扩建后梁、后晋故都开封城，并建都于此。北宋继之以为都城，并续有扩建
	959	后周世宗显德六年	于苏州建云岩寺塔
北宋	960～1279		宅第民居形式趋向定型化，形式已和清代差异不大
	964	太祖乾德二年	重修中岳庙
	971	太祖开宝四年	于正定建隆兴寺佛香阁及24米高观音铜像
	977	太宗太平兴国二年	于上海建龙华塔
	984	太宗雍熙元年(辽圣宗统和二年)	辽建独乐寺观音阁(河北蓟县)
	996	太宗至道二年(辽圣宗统和十四年)	辽建北京牛街礼拜寺
	11世纪		重建韩城汉太史公祠

续表

朝代	年代	中国年号	大事纪要
北宋	1008	真宗大中祥符元年	于东京(今开封)建玉清昭应宫
	1009	真宗大中祥符二年	建岱庙天贶殿
	1009	真宗大中祥符二年	于泰山建碧霞元君祠，祀碧霞元君
	1009～1010	真宗大中祥符二至三年	始建福建泉州圣友寺
	1013	真宗大中祥符六年	再修中岳庙
	1038	仁宗宝元元年(辽兴宗重熙七年)	辽建山西大同下华严寺薄伽教藏殿
	1049～1053	仁宗皇祐年间	贾得升建希夷祠祀陈抟(今玉泉院)
	1052	仁宗皇祐四年	建隆兴寺摩尼殿(河北正定)
	1056	仁宗嘉祐元年(辽道宗清宁二年)	辽建山西应县佛宫寺释迦塔
	11世纪		司马光在洛阳建独乐园，有《独乐园记》记其事
	11世纪		富弼在洛阳有邸园，人称富郑公园
	1086～1099	哲宗年间	赐建茅山元符荣宁宫
	1087	哲宗元祐二年	赐名罗浮山葛仙祠为冲虚观
	1102	徽宗崇宁元年	重修山西晋祠圣母殿
	1105	徽宗崇宁四年	于龙虎山创建天师府，为历代天师起居之所
	1115	徽宗政和五年	在汴梁建造明堂，每日兴工万余人
	1125	徽宗宣和七年	于登封建少林寺初祖庵
	12世纪	北宋末南宋初	广州怀圣寺光塔建成
南宋	12世纪		绍兴禹迹寺南有沈园，以陆游诗名闻于世
	12世纪		韩侂胄在临安造南园
	12世纪		韩世宗于临安建梅冈园
	1131	高宗绍兴元年	建福建泉州清净寺；元至正九年(1349年)重修
	1138	高宗绍兴八年	以临安为行宫，定为都城，并着手扩建
	1150	高宗绍兴二十年(金庆帝天德二年)	金完颜亮命张浩、孔彦舟营建中都
	1163	孝宗隆兴元年(金世宗大定三年)	金建平遥文庙大成殿
	1190～1196	光宗绍兴元年至宁宗庆元二年(金章宗昌明年间)	金丘长春修道崂山太清宫，后其师弟刘长生增筑观宇，建成全真道随山派祖庭
	1240	理宗嘉熙四年(蒙古太宗十二年)	蒙古于山西永济县永乐镇吕洞宾故里修建永乐宫
	1267	度宗咸淳三年(蒙古世祖至元四年)	蒙古忽必烈命刘秉忠营建大都城
	1269	度宗咸淳五年(蒙古世祖至元六年)	蒙古建大都(北京)国子监
	1271	度宗咸淳七年(元世祖至元八年)	元建北京妙应寺白塔，为中国现存最早的喇嘛塔
	1275	恭帝德祐元年(元至元十二年)	始建江苏扬州普哈丁墓
	1275	恭帝德祐元年(元至元十二年)	始建江苏扬州清真寺(仙鹤寺)，后并曾多次重修

续表

朝代	年代	中国年号	大事纪要
元	1281	元世祖至元十八年	浙江杭州真教寺大殿建成，延祐年间(1314～1320年)重建
	13世纪	元初	建西藏萨迦南寺
	13世纪	元初	建大都之禁苑万岁山及太液池，万岁山即今之琼华岛
	13世纪	元初	创建云南昆明正义路清真寺
	14世纪		创建上海松江清真寺，明永乐、清康熙时期重修
	1302	成宗大德六年	建大都(北京)孔庙
	1310	武宗至大三年	重修福建泉州圣友寺
	1320	仁宗延祐七年	建北京东岳庙
	1323	英宗至治三年	重修福建泉州伊斯兰教圣墓
	1342	顺帝至正二年	天如禅师建苏州狮子林
	1343	顺帝至正三年	重建河北定县清真寺
	1350	顺帝至正十年	重修广州怀圣寺
	1356	顺帝至正十六年	北京东四清真寺始建；明英宗正统十二年(1447年)重修
	1363	顺帝至正二十三年	建新疆霍城吐虎鲁克帖木儿玛扎
明	1368～1644		各地都出现一些大型院落，福建已出现完善的土楼
	1368	太祖洪武元年	朱元璋始建宫室于应天府(今南京)
	14世纪	太祖洪武年间	云南大理老南门清真寺始建，清代重修
	14世纪	太祖洪武年间	湖北武昌清真寺建成，清高宗乾隆十六年(1751年)重修
	14世纪	太祖洪武年间	宁夏韦州大寺建成
	1373	太祖洪武六年	南京城及宫殿建成
	1373	太祖洪武六年	派徐达镇守北边，又从华云龙言，开始修筑长城，后历朝屡有兴建
	1376～1383	太祖洪武九至十五年	于南京建灵谷寺大殿
	1373	太祖洪武六年	在南京钦天山建历代帝王庙
	1381	太祖洪武十四年	始建孝陵，位于江苏省南京市，成祖永乐三年(1405年)建成
	1388	太祖洪武二十一年	创建南京净觉寺；宣宗宣德五年(1430年)及孝宗弘治三年(1492年)两度重修
	1392	太祖洪武二十五年	创建陕西西安华觉巷清真寺，明、清两代并曾多次重修扩建
	1407	成祖永乐五年	始建北京宫殿
	1409	成祖永乐七年	始建长陵，位于北京市昌平区
	1413	成祖永乐十一年	敕建武当山宫观，历时11年，共建成8宫、2观及36庵堂、72岩庙
	1420	成祖永乐十八年	北京宫城及皇城建成，迁都北京
	1420	成祖永乐十八年	建北京天地坛、太庙、先农坛
	1421	成祖永乐十九年	北京宫内奉天、华盖、谨身三殿被烧毁
	1421	成祖永乐十九年	建北京社稷坛
	15世纪		大内御苑有后苑(今北京故宫坤宁门北之御花园)、万岁山(即清代的景山)、建福宫花园、西苑和兔苑
	1436	英宗正统元年	重建奉天、华盖、谨身三殿
	1442	英宗正统七年	重修北京牛街礼拜寺；清康熙三十五年(1696年)大修扩建
	1444	英宗正统九年	建北京智化寺

续表

朝代	年代	中国年号	大事纪要
明	1447	英宗正统十二年	于西藏日喀则建扎什伦布寺
	1456	景帝景泰七年	初建景泰陵 ，后更名为庆陵
	1465～1487	宪宗成化年间	山东济宁东大寺建成，清康熙、乾隆时重修
	1473	宪宗成化九年	于北京建真觉寺金刚宝座塔
	1483～1487	宪宗成化十九至二十三年	形成曲阜孔庙今日之规模
	1495	孝宗弘治八年	山东济南清真寺建成，世宗嘉靖三十三年(1554年)及清穆宗同治十三年(1874年)重修
	1500	孝宗弘治十三年	重修无锡泰伯庙
	16世纪		重修山西太原清真寺
	1506～1521	武宗正德年间	秦端敏建无锡寄畅园，有八音涧名闻于世
	1509	武宗正德四年	御史王献臣罢官归里，在苏州造拙政园
	1519	武宗正德十四年	重建北京宫内乾清、坤宁二宫
	1522～1566	世宗嘉靖年间	始建苏州留园；清乾隆时修葺
	1523	世宗嘉靖二年	重修河北宣化清真寺；清穆宗同治四年(1865)年再修
	1524	世宗嘉靖三年	新疆喀什艾迪卡尔礼拜寺建成，清高宗乾隆五十三年(1788)年扩建
	1530	世宗嘉靖九年	建北京地坛、日坛，月坛，恢复了四郊分祭之礼
	1530	世宗嘉靖九年	改建北京先农坛
	1531	世宗嘉靖十年	建北京历代帝王庙
	1534	世宗嘉靖十三年	改天地坛为天坛
	1537	世宗嘉靖十六年	北京故宫新建养心殿
	1540	世宗嘉靖十九年	建十三陵石牌坊
	1545	世宗嘉靖二十四年	重建北京太庙
	1545	世宗嘉靖二十四年	将天坛内长方形的大殿改建为圆形三檐的祈年殿
	1549	世宗嘉靖二十八年	重修福建福州清真寺
	1559	世宗嘉靖三十八年	建上海豫园，为潘允端之私园，大假山则是著名叠石家张南阳造
	1561	世宗嘉靖四十年	始建河南沁阳清真寺，明神宗万历十八年(1590年)、清德宗光绪十三年(1887年)重修
	1568	穆宗隆庆二年	戚继光镇蓟州；增修长城，广建敌台及关塞
	1573～1619	神宗万历年间	米万钟建北京勺园，以“山水花石”四奇著称
	1583	神宗万历十一年	始建定陵，位于北京市昌平区
	1598	神宗万历二十六年	始建永陵，初名兴京陵，清世祖顺治十六年(1659年)改为今名
	1601	神宗万历二十九年	建福建齐云楼，为土楼形式
	1602	神宗万历三十年	始建江苏镇江清真寺；清代重建
	1615	神宗万历四十三年	重建北京故宫皇极(太和)、中极(中和)、建极(保和)三大殿
	1620	神宗万历四十八年	重修庆陵
	1629	思宗崇祯二年(后金太宗天聪三年)	后金于辽宁省沈阳市建福陵
	1634	思宗崇祯七年	计成所著《园冶》一书问世

续表

朝代	年代	中国年号	大事纪要
明	1640	思宗崇祯十三年(清太宗崇德五年)	清重修沈阳故宫笃恭殿(大政殿)
	1643	思宗崇祯十六年(清太宗崇德八年)	清始建昭陵，位于辽宁沈阳市，为清太宗皇太极陵墓
清	1645～1911		今日所能见到的传统民居形式大致已形成
	17世纪	清初	新疆喀什阿巴伙加玛扎始建，后并曾多次重修扩建
	1644～1661	世祖顺治年间	改建西苑，于琼华岛上造白塔
	1645	世祖顺治二年	达赖五世扩建布达拉宫
	1655	世祖顺治十二年	重建北京故宫乾清、坤宁二宫
	1661	世祖顺治十八年	始建清东陵
	1662～1722	圣祖康熙年间	建福建永定县承启楼
	1663	圣祖康熙二年	孝陵建成，位于河北省遵化县
	1672	圣祖康熙十一年	重建成都武侯祠
	1677	圣祖康熙十六年	山东泰山岱庙形成今日之规模
	1680	圣祖康熙十九年	在玉泉山建澄心园，后改名静明园
	1681	圣祖康熙二十年	建景陵，位于河北遵化县
	1683	圣祖康熙二十二年	重建北京故宫文华殿
	1684	圣祖康熙二十三年	造畅春园
	1687	圣祖康熙二十六年	始建甘肃兰州解放路清真寺
	1689	圣祖康熙二十八年	建北京故宫宁寿宫
	1689	圣祖康熙二十八年	四川阆中巴巴寺始建
	1690	圣祖康熙二十九年	重建北京故宫太和殿，康熙三十四年（1695年）建成
	1696	圣祖康熙三十五年	于呼和浩特建席力图召
	1702	圣祖康熙四十一年	河北省泊镇清真寺建成；德宗光绪三十四年（1908年）重修
	1703	圣祖康熙四十二年	建承德避暑山庄
	1703	圣祖康熙四十二年	始建天津北大寺
	1710	圣祖康熙四十九年	重建山西解县关帝庙
	1718	圣祖康熙五十七年	建孝东陵，葬世祖之后孝惠章皇后博尔济吉特氏
	1720	圣祖康熙五十九年	始建甘肃临夏大拱北
	1722	圣祖康熙六十一年	始建甘肃兰州桥门街清真寺
	1725	世宗雍正三年	建圆明园，乾隆时又增建，共四十景
	1730	世宗雍正八年	始建泰陵，高宗乾隆二年(1737年)建成
	1735	世宗雍正十三年	建香山行宫
	1736～1796	高宗乾隆年间	著名叠石家戈裕良造苏州环秀山庄
	1736～1796	高宗乾隆年间	河南登封中岳庙形成今日规模
	1742	高宗乾隆七年	四川成都鼓楼街清真寺建成，乾隆五十九年（1794年）重修
	1745	高宗乾隆十年	扩建香山行宫，并改名静宜园
	1746～1748	高宗乾隆十一至十三年	增建沈阳故宫中路、东所、西所等建筑群落
	1750	高宗乾隆十五年	建造北京故宫雨花阁
	1750	高宗乾隆十五年	建万寿山、昆明湖，定名清漪园，历时14年建成
	1751	高宗乾隆十六年	在圆明园东造长春园和绮春园

续表

朝代	年代	中国年号	大事纪要
清	1752	高宗乾隆十七年	将天坛祈年殿更为蓝色琉璃瓦顶
	1752	高宗乾隆十七年	重修沈阳故宫
	1755	高宗乾隆二十年	于承德建普宁寺，大殿仿桑耶寺乌策大殿
	1756	高宗乾隆二十一年	重建湖南汨罗屈子祠
	1759	高宗乾隆二十四年	重建河南郑州清真寺
	1764	高宗乾隆二十九年	建承德安远庙
	1765	高宗乾隆三十年	宋宗元营建苏州网师园
	1766	高宗乾隆三十一年	建承德普乐寺
	1767～1771	高宗乾隆三十二至三十六年	建承德普陀宗乘之庙
	1770	高宗乾隆三十五年	建福建省华安县二宜楼
	1773	高宗乾隆三十八年	宁夏固原二十里铺拱北建成
	1774	高宗乾隆三十九年	建北京故宫文渊阁
	1778	高宗乾隆四十三年	建沈阳故宫西路建筑群
	1778	高宗乾隆四十三年	新疆吐鲁番苏公塔礼拜寺建成
	1779～1780	高宗乾隆四十四至四十五年	建承德须弥福寿之庙
	1781	高宗乾隆四十六年	建沈阳故宫文溯阁、仰熙斋、嘉荫堂
	1783	高宗乾隆四十八年	建北京国子监辟雍
	1784	高宗乾隆四十九年	建北京西黄寺清净化城塔
	18世纪		建青海湟中塔尔寺
	1789	高宗乾隆五十四年	内蒙古呼和浩特清真寺创建，1923年重修
	1796	仁宗嘉庆元年	始建河北易县昌陵，8年后竣工
	18～19世纪	仁宗嘉庆年间	黄至筠购买扬州小玲珑小馆，于旧址上构筑个园
	1804	仁宗嘉庆九年	重修沈阳故宫东路、西路及中路东、西两所建筑群
	1822	宣宗道光二年	建成湖南隆回清真寺
	1822～1832	宣宗道光二至十二年	天津南大寺建成
	1832	宣宗道光十二年	始建慕陵，4年后竣工
	1851	文宗咸丰元年	建昌西陵，葬仁宗孝和睿皇后
	1852	文宗咸丰二年	西藏拉萨河坝林清真寺建成
	1859	文宗咸丰九年	于河北省遵化县建定陵
	1859	文宗咸丰九年	成都皇城街清真寺建成，1919年重修
	1873	穆宗同治十二年	始建定东陵，德宗光绪五年（1879年）建成
	1875	德宗光绪元年	于河北省遵化县建惠陵
	1882	德宗光绪八年	青海大通县杨氏拱北建成
	1887	德宗光绪十三年	伍兰生在同里建退思园
	1888	德宗光绪十四年	重建青城山建福宫
	1891～1892	德宗光绪十七至十八年	甘肃临潭西道场建成；1930年重修
	1894	德宗光绪二十年	云南巍山回回墩清真寺建成
	1895	德宗光绪二十一年	重修定陵
	1909	宣统元年	建崇陵，为德宗陵寝

主要参考文献

《中国历代帝王陵寝》罗哲文、罗扬著

上海文化出版社（1984年）

《中国历代陵寝纪略》林黎明、孙忠家编著

黑龙江人民出版社（1984年）

《清东陵大观》于善浦编著

河北人民出版社（1984年）

《清西陵纵横》陈宝蓉编著

河北人民出版社（1987年）

《刘敦桢文集二易县清西陵》

中国建筑工业出版社（1984年）

图书在版编目(CIP)数据

帝王陵寝建筑：地下宫殿 / 本社编. —北京：中国建筑工业出版社，2009

（中国古建筑之美）

ISBN 978-7-112-11326-2

I. 帝… II. 本… III. 皇帝—陵墓—建筑艺术—中国—图集 IV. TU-098.9

中国版本图书馆CIP数据核字（2009）第169200号

责任编辑：王伯扬　张振光　费海玲
责任设计：董建平
责任校对：李志立　赵　颖

中国古建筑之美

帝王陵寝建筑

地下宫殿

本社　编

*

中国建筑工业出版社出版、发行（北京西郊百万庄）
各地新华书店、建筑书店经销
北京美光制版有限公司制版
北京方嘉彩色印刷有限责任公司印刷

*

开本：880×1230毫米　1/32　印张：7 3/8　字数：212千字

2010年1月第一版　　2010年1月第一次印刷

定价：45.00元

ISBN 978-7-112-11326-2

(18589)